世纪波
Century Wave

智慧蜡烛®高效能学习系列

THE MIND MAPPING
LEARNING AND APPLYING

思维导图学与用

思学团队◎著

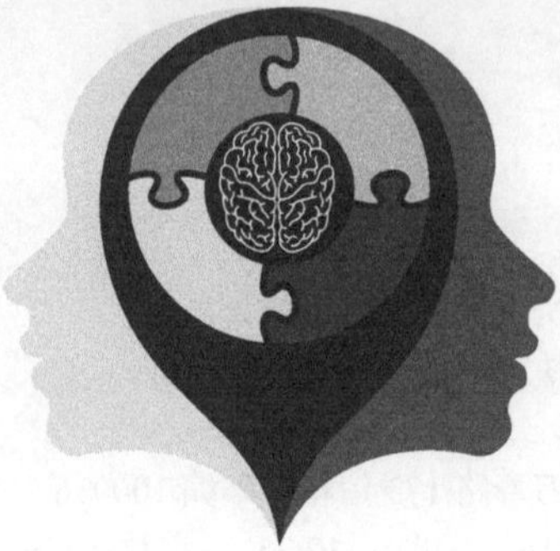

電子工業出版社
Publishing House of Electronics Industry
北京·BEIJING

图书在版编目（CIP）数据

思维导图学与用 / 思学团队著. —北京：电子工业出版社，2019.4
（智慧蜡烛®高效能学习系列）
ISBN 978-7-121-35351-2

Ⅰ. ①思… Ⅱ. ①思… Ⅲ. ①思维方法 Ⅳ.①B804

中国版本图书馆 CIP 数据核字(2019)第 007171 号

策划编辑：晋　晶
责任编辑：杨洪军
印　　刷：北京盛通商印快线网络科技有限公司
装　　订：北京盛通商印快线网络科技有限公司
出版发行：电子工业出版社
　　　　　北京市海淀区万寿路 173 信箱　邮编 100036
开　　本：720×1000　1/16　印张：12.25　字数：176 千字　彩插：12
版　　次：2019 年 4 月第 1 版
印　　次：2019 年12月第 3 次印刷
定　　价：68.00 元

凡所购买电子工业出版社图书有缺损问题，请向购买书店调换。若书店售缺，请与本社发行部联系，联系及邮购电话：（010）88254888，88258888。
质量投诉请发邮件至 zlts@phei.com.cn，盗版侵权举报请发邮件至 dbqq@phei. com.cn。
本书咨询联系方式：（010）88254199，sjb@phei.com.cn。

关于思学团队

思学团队是专注于提供高效能思维、学习工具的创新研发团队。思学团队的定位是做学习工具的提供者，思学团队的使命是用先进的学习工具升级中国人的大脑。思学团队的发起人是李思学老师，成员以拥有丰富教学经验的老师和丰富实践经验的职场精英为主，思学团队“高效能学习”系列图书正在紧张创作中。

思学团队发起人李思学，毕业于西南财经大学，获法学硕士学位。2004 年进入培训行业，为多家企事业单位提供逻辑思维、思维导图的相关培训，广受好评。

如果您对系统学习、思维技巧、商业模式这三个领域的主题感兴趣，或者需要相关课程资料及培训，欢迎扫描二维码添加李思学老师微信进行交流。

序

练练不忘，必有回响

李思学

如果你对思维导图感兴趣，希望了解并运用这种实用的方法于学习和工作中，那么本书就是为你所写的。思学团队的创作者希望为中国的思维导图学习者提供一本靠谱的参考书，为学校的老师、学生提供一本实用的思维导图的教学参考教材，它是思学团队群策群力创作的结果。

结缘思维导图

我最早接触思维导图的概念是在20年前（1998年），当时声称要销售1 000万册的畅销书《学习的革命》中曾浮光掠影地介绍过思维导图，在精读此书的同时，也引发了我对思维导图的浓厚兴趣。随着大学毕业走出校门，在工作岗位中学习新知识的压力之下，我迫切需要有效的学习工具来提高我的学习效能，于是就有了更强的动力来学习和运用思维导图。通过不断学习，自己逐渐成为思维导图的使用者、受益者和传播者。

随着学习和运用的深入，我迫切希望结识一些思维导图的运用者、爱好者，通过和高手一起切磋和印证，以帮助自己找到不足及盲点。为此我参加了不少打着思维导图旗号的论坛和微信群。但当加入之后，我才发现这些地方无一不是广告群。微信群里广告链接满天飞，微信群慢慢地演变成无人维护，也没有任何专业价值的地方。在这个过程中，我花了不少时间，但收效甚微。然而转念一想，既然目前没找到这样有专业价值的思维导图学习群，为什么不自己创建一个没有任何广告的、高品质的、有一定专业度的思维导图学习群呢？

抱着试一试的想法，我用心准备了一节时长一小时的“让脑飞翔——思维导图高效学习法”的思维导图普及课程，并在朋友圈广而告之，愿意学习的扫描加群或邀请进入，很快就有300人进群。分享的结果是：听众非常认可我分享的思维导图课程，强烈要求加场，以便让身边的朋友也了解思维导图这种思维工具。我趁热打铁分享了第二场、第三场……三年多的时间里，我对课程进行反复迭代和分享，同样题目的微课已经讲授过 260 多次，通过微信听过这个课程的朋友已经超过50 000人，其中一些听众已成为我的好朋友，成为我们一起学习、运用、分享高效能学习方法的好伙伴。

除了我的分享课程，不少教学经验丰富的老师和思维导图的爱好者也经常在微信群里交流、分享思维导图的理论和运用技巧，思维导图学习群的规模迅速壮大起来。学习群的壮大，就涉及如何有效管理和维护学习群的核心价值问题。

高品质的学习群不仅需要有高品质的分享，它的维护和管理更重要。为了建设真正高品质的学习群，在借鉴了200多个微信群经验教训的基础上，我为学习群制定了三条群规：①不发链接和广告；②不发红包；③交流内容必须与群的主题——高效能学习相关。这三条群规很好地规避了垃圾信息，避免了真正有价值的信息看不到、广告满天飞的情况，提升了群的交流品质和群友的学习体验，极大地延缓了群的衰老甚至死亡时间。

翻转教学实践

随着思维导图爱好者数量的增加，如何为学习群输入高价值，让群友共同快速成长，就变成迫切的问题。我总结自己10年企业培训经验和多年大学教学经验，结合微信交流和思维导图学习的特点，设计了针对思维导图爱好者的“学与用”模式。具体来说，它是指利用微信这个方便随时交流和学习的工具，把理论知识的学习和实践巩固练习结合起来，老师针对学员成长（作业）中出现的问题，一对一点评指导，使学员能够每做一次作业，就能在老师的指导下进步一次。这样坚持30天，学员进步的积累是非常可观的，甚至可能达到他难以想象的程度。

当很多人只是把手机当作娱乐工具或停留在碎片化学习的时候，我们已经把手机当作系统化的有效学习、刻意练习的工具，这无疑是一大改进。这样的“学与用”模式之所以有效，是因为它翻转了传统的教学模式。在传统的教学模式中，学生动手的机会少，更多的时间是老师讲学生听，而在听的过程中学生经常出现人在心不在的情况。但我们的课程都是学员感兴趣又实用的内容，学员是带着问题来听来学来练的。在练习的过程中，错误的地方由老师指出后学员可以当即改正。通过每一天的学习和练习，学员可以感受到自己的进步，从而可以充分调动学员的积极性。当意识到每一次课程、每一次练习都是自己成长的机会时，他就会珍惜每一次学习的机会。在经过日积月累的学习后，学员会取得非常惊人的进步。

运用流行的词语来总结，“学与用”模式其实是翻转课堂结合移动互联网优势的体现。在传统的教学模式中，练习是在课后来做的。当学生有问题时，老师却不在现场，问题不能当场得到解决，这不但打击了学生的积极性，而且学习效果也不能得到保障。在信息来源多元化的今天，传统的教学模式低效的弊端逐渐凸显出来。与此相反，在翻转课堂上，学员带着问题先看教材和视频，有困惑提出来让老师解答，老师可以将重复性的授课工作交由精心录制的视频课程完成，而将更多的时间和精力集中为学员解决问题，或者创新课程、优化课程设计。学习主动性强的学员，通过翻转课堂可以有快速的进步。翻转课堂一方面对老师提出了更高的要求，另一方面让老师更了解学员的情况和困惑，更有针对性地答疑解惑，老师的水平也会快速提高，是真正的“教学相长”。

虽然翻转课堂的优势明显，但由于各方面的限制，导致有经验的老师不能随时对学员进行专门辅导，这是翻转课堂在过去难以大规模推行的重要原因。随着移动互联网的兴起，人人都有一部手机，借用微信、QQ 这些即时互联工具，就可以让交流的经济成本趋近于零。“翻转课堂+移动互联+刻意练习”相结合的力量就能够充分地体现出来，学习成本也可以降到最低，从而成为成年人有效学习的渠道和方法。

在移动互联网时代，成年人碎片化学习的时间增多，但跟随系统的教学安排并在老师指导下进行练习，就能将碎片化学习转变成深入的系统化学习。“学与用”模式，无疑是符合时代潮流的学习方法，应该有广阔的运用前景。

因缘际会

“呦呦鹿鸣，寻其友声”，在追寻理想的路途中，如果有一群志同道合的朋友一起相互切磋共同进步，那是多么幸运！我在探索、运用和推广高效能学习工具的过程中，有越来越多的伙伴加入这个行列，道不孤，颇足欣慰。

很多新朋友在参加一次我们的分享课后就被团队老师和班主任折服，主动“路转粉”，成为我们的忠实学友。为什么我们的课程有这么大的魅力？除了全新的学习模式，更重要的是，我们逐渐形成了一个日趋成熟的学习型核心团队。和一群真学真练真用的伙伴一起“学与用”，一起做我们的事业，这是我最大的幸福，也是我们最核心的竞争力。

截至目前，参加过我们系统班学习的朋友不下 50 000 人（次），其中成为思学团队成员的大约有 100 人，成为核心团队成员的有 20 人。也就是说，成为思学学友，再成为核心团队成员的可能性是二千五百分之一，这真是一个惊人的数字。

参加思学平台的课程，要花比较多的时间来做针对性的专项练习，能坚持下来的都是真爱。例如，在思维导图课程中，学员用不用心，真练还是假练，老师通过其写的每一个字、完成的每一个图标就可以看出来。能坚持学习 30 天的学员，无疑是对思维导图价值有深刻领会，也是对自己有要求、有责任感的人。这样的学员如果有意愿，并且时间允许，我们是愿意给他成为思学团队成员的机会的。

通过至少一个月的时间来观察、测试，甚至考验学员，以后再进行培养，成功的概率会远远大于现实中企业花很大价钱进行人才招聘的概率。利用思维导图筛选人才的方法，是企业可以参考使用的一种低成本且有效的方法。

在辅导学员时，班主任老师经常会出现针对一份作业发表“千字文”点评的情况。我相信，对任何期待进步的人来说，有认真、负责、专业的老师对你的作业进行这样的点评指导，一定是学习路上难得的体验。这样的感动将给学员极大的动力，这样的精神也将传递给学员身边的人。“学高为师，身正为范”，在专业又耐心的老师真心辅导、学员玩命学习和练习的班级氛围里，如果再学不到东西的话，那岂不成了咄咄怪事？

不忘初心

不忘初心，方得始终。我为什么会选择把高效能学习方法作为自己的终身事业？这源于自己的亲身经历。1996 年，我考上一所 211 大学，从贵州的一个偏僻小城，乘坐 18 小时的汽车再转坐 27 小时的火车来到成都。第一次来到大城市，开阔眼界的同时我也受到了极大的冲击。大学给我最大的启发是：我与学霸之间的距离，不在于学习时间，而在于学习方法。毕业后留在成都打拼颇多曲折，工作中我最大的领悟是：我与高效能人士的距离，不在于工作时间，而在于工作方法。为了探询高效能学习和工作的秘诀，我认真拜读了史蒂芬·柯维所著的《高效能人士的七个习惯》，有很多收获。在此书的影响下，我在27岁给自己重新做人生定位时，确定了自己的人生使命——优秀知识的分享者，之后的生命就是沿着这个方向延伸和探索。

思学团队在不断壮大，那么，我们的定位是什么？我们存在的价值是什么？经过认真的思考，我认为思学团队的使命是用最高效的思维和学习方法“升级国民的大脑”。具体来说，就是以我们原创的方格笔记以及实用的思维导图为两条主线，提高学生的学习效率，提高职场人士的工作效率。这是我们对社会、对学员应该负起的责任，是我们存在的价值，也是激励思学伙伴不断向前的指北针。

为了更好地实现这一目标，我们积极地做关于高效学习的分享课、系统课的备课和分享，同时专门针对中小学老师开发系统的学习方法课程，通过老师们的运用和传播，让更多的学生受益。

本书正是在这样的初心下创作出来的，为了更好地帮助你运用本书，在此对本书的结构进行说明。

全书分为五篇，大体对应韩愈《师说》中老师的“传道、授业、解惑”三重角色来安排全书结构。第一篇讲基础，讲规律，是“传道”。第二、三篇讲运用，教方法，“授业”也，其中第二篇是一般性运用，第三篇是在特定场景下的运用心得。第四篇针对学员学习运用思维导图的常见问题进行解答，为“解惑”。第五篇为攻玉篇，寓意为“他山之石，可以攻玉”，将思学学与用成立三年以来的一些手绘思维导图作品进行归类整理，这些作品可欣赏、可借鉴、可临摹、可斧正。

对于本书的阅读顺序，如果你对思维导图完全没有概念，也没有任何固有认识，可以按第一、二、三、四、五篇的顺序进行阅读，如画卷一样展开知识的全貌。这样的阅读方法，针对零基础思维导图学习者。

如果你对思维导图已经有一定基础，希望能更上一层楼地学习和运用，就从第二篇或第三篇开始阅读，将给你更多启发。

如果你对思维导图有一些顾虑或自己的看法，就不妨从第四、五篇读起，看看思维导图运用经验丰富的老师和学员，对于那些常见问题的回答以及用心绘制的思维导图作品，希望给你不同角度的启发和思考。

本书是思学团队群策群力、实践经验的总结成果，具体分工为：李思学统筹全书，并撰写第一章；第二章由朱文韬、何茂、薛丽娜撰写；第三章由朱文韬撰写；第四章由薛丽娜撰写；第五章由朱文韬、何茂撰写；第六章由潘月月撰写；第七章由薛丽娜撰写；第八章由陈小灵撰写；第九章由吴珊珊撰写；第十、十一、十二章由解惑篇团队进行解答，解惑篇团队成员有朱文韬、薛丽娜、吴珊珊、宋晓颖、杜爱锋、潘月月、李冬、陈小灵、于翠兰、刘洋、赵君伟；第十三章由精选的5个类别手绘思维导图作品汇集而成，创作者均为我们一起同学同练的思学学友，由李思学添加了每幅作品的解读。全书由李思学统稿和修改，阿米（笔名）协助，吴珊珊对解惑篇提供了修改意见。

限于作者经验和水平，读者有任何意见和建议，欢迎联系思学团队进行交流，邮箱：5801394@qq.com。

能和你一起终身学习，共同成长，感觉真好，谢谢！

目录

传道篇　思维导图基本方法

授业篇（上）　学习方法升级

传道篇

思维导图基本方法

快速迭代，小碎步前进。

——思学心得

第一章

揭开思维导图的神秘面纱

李思学

在学习领域，以及企业管理领域，思维导图（简称导图）是一个越来越火的词语。那么，到底什么是思维导图？为什么要学习它？个人和企业又该如何有效运用它呢？“学以致用、用以促学”是思学团队的核心理念。本书就把思维导图的价值和运用说明作为开篇，以示开宗明义。

越来越火的思维导图有什么用

什么是思维导图呢？我们都知道空调、冰箱、电脑都有使用说明书，但我们的大脑有使用说明书吗？思维导图就是大脑的使用说明书。那么，怎么样有效使用大脑以开发其潜力呢？对思维导图的学习和系统运用，就是问题的答案。

图 1-1 是一幅思维导图。2016 年 4 月是纳税人到税务部门办理登记、票种核定和增值税发票新系统领用等事项的高峰期，身处电话热线

座席岗位上的税官杜爱锋总是向来电咨询的纳税人耐心详细地解答营改增相关问题，但是由于电话拨打数量太多，她经常会应接不暇。她发现，纳税人来电所提问题比较集中，主要包括征税范围、应纳税额计算、税率适用等营改增的通用知识方面。她就想，能不能通过更有效的方式，让纳税人快速而全面地掌握这些营改增的通用知识，这样既能高效地为纳税人答疑解惑，又能提高营改增咨询服务工作的解释效果。当时，她正在参加思学平台的思维导图基础班，就想出结合学习和工作，用手绘营改增思维导图来助力税收宣传的主意。考虑成熟后，杜爱锋便迅速向市局纳税服务科科长汇报了自己的思路。经过研讨，她的想法得到了肯定，同事们也纷纷向她建言献策，进一步完善构思。一幅营改增内容丰富、表现生动的手绘思维导图在杜爱锋的巧手下诞生了。

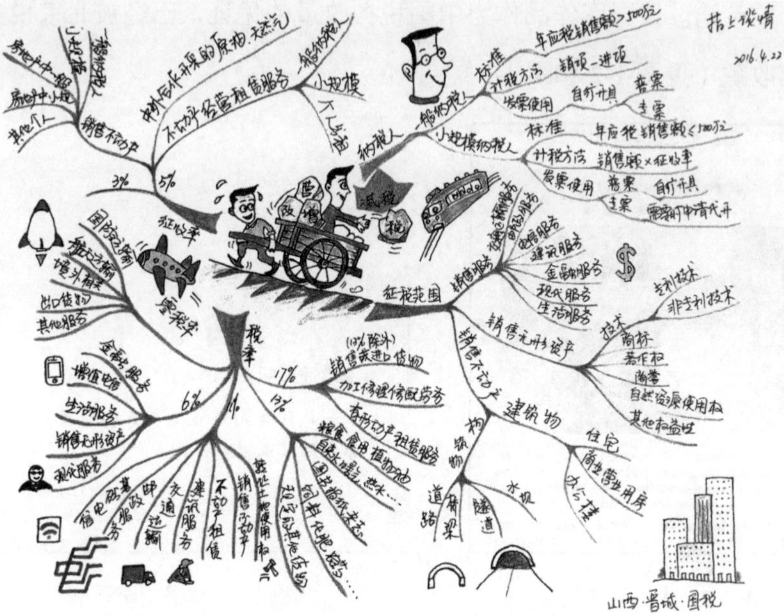

图 1-1　营改增思维导图（作者：杜爱锋）

这幅思维导图，将营改增工作特点和各级主题关系用相互隶属或相关的层级图来表现，简洁明快地展现了营改增政策的内容，并辅以生动的图像、恰当的关键字、讲究的配色，使整幅图读起来既严谨专业又平实易懂。起初，手绘图放在晋城市国税局各级纳税服务厅内供纳税人查阅，备受纳税人好评，后来，此图被来办事的纳税人拍摄下来，并上传到网络上，一经传播，迅速在全国范围内引起了不小的轰动。有的省第一时间打来电话，询问出处；有的省将其作为宣传资料进行转发……全国各地税务机关都对此进行了关注与使用。广大纳税人对它赞不绝口，有网友评价，让他们一图读懂了营改增。国税总局领导表示，这幅图已成为税收宣传的得力助手，对宣传营改增政策和办税程序起到了事半功倍的效果。因为这幅工作导图，杜爱锋甚至接受了人民网（人民日报网站）的专访。该导图作品作为中国税务改革的见证，已经被北京税务博物馆收藏（见图 1-2 和图 1-3）。

人民网 people.cn　全国党建云平台　党建宣传新阵地　党务工作新窗口

网>>山西频道>>本网关注

山西晋城女税官巧手绘就“营改增”导图

来源：人民网-山西频道　2016年04月24日16:01

杜爱锋和她的手绘图

人民网晋城4月24日电(李梦文) “是这一张图让我们读懂了‘营改增’，这种方式很新颖。”近日，一幅手绘的“营改增”工作导图，因其构思新颖、画面精良、内容详实等特点，在网络上受到追捧，备受纳税人和税务干部的广泛好评。而导图的作者——晋城市国税局市局纳税服务科税务干部杜爱锋也一夜间成为“网红”。

4月，全面推开营改增试点工作进入倒计时，营改增纳税人办理登记、票种核定和增值税发票新系统领用等事项也进入了一个高峰期。如同全国同行一样，晋城市国税12366热

图 1-2　人民网的截图

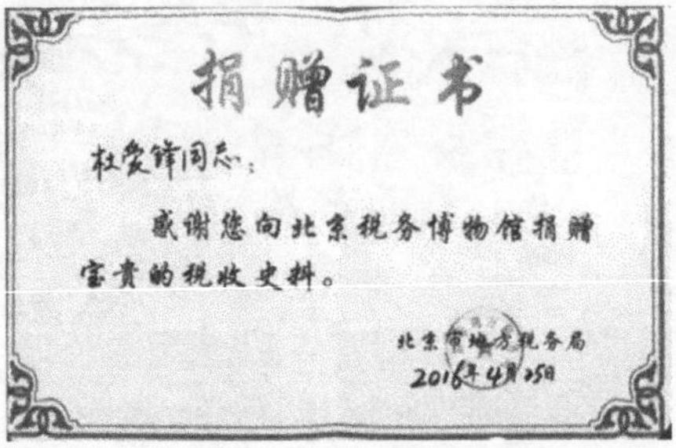
捐赠证书

杜爱锋同志：

感谢您向北京税务博物馆捐赠宝贵的税收史料。

北京市地方税务局
2016年4月25日

图 1-3　作品捐赠证书

这只是一个思维导图的运用案例，事实上，思维导图在很多领域都在发挥着作用，很多企业运用思维导图之后，大大节省了人力、物力、财力。企业运用思维导图的经典案例是波音公司。波音公司因为使用思维导图，每年可以节约 1 000 万美元，更重要的是，思维导图帮助波音公司节约了大量的时间。据波音公司的设计人员表示，在设计波音 747 客机这个大型项目时，原本的设计流程需要 6 年的时间，因为使用思维导图，在 6 个月完成了设计环节，也就是帮助波音公司在设计环节节约了 90%的时间。商场如战场，一种工具能够节约 10%的时间已经非常有用，更何况思维导图帮助波音公司节约了设计环节 90%的时间。正因如此，在中国的企业界，思维导图也开始成为流行的管理工具，在员工培训、重要会议、产品设计、客户沟通等场景下运用思维导图，往往会起到事半功倍的效果。对于在职场中打拼的人士，运用思维导图梳理知识、做总结，甚至身材管理等，都可以更好地达成目标。

作为一种实用的学习工具，思维导图在世界范围内被众多学校广泛运用。学校的老师用思维导图来备课，呈现知识结构，展示知识的魅力；学生运用思维导图来做笔记，梳理课程内容，提高记忆效率，也就是说，思维导图可以用来做预习、做总结。凡是需要大脑工作的地方，思维导图都能够帮助我们，这就是其被称为大脑使用说明书的原因。

此外，还有为数不少的家长在学习、运用思维导图。家长学习的原因，除了自己的工作、生活需要，更希望能给孩子树立一个好榜样。一位家长就这样说："我学习思维导图，是想给孩子一个示范，同时用行动告诉孩子，妈妈也许没有你聪明，但和你一样在努力！"

由此可见，以企事业单位、学校、家庭这三个领域为例，思维导图运用之火，在全球范围内已呈越发旺盛之势。为什么思维导图如此受欢迎呢？它的运用价值就是答案，思维导图的确能够提高我们的学习效率，而学习效率是21世纪个人和团队的核心竞争力（彼得·圣吉）。为什么思维导图能够提高使用者的学习效率呢？思维导图的发明人东尼·博赞从古往今来那些天才的笔记里找到了这个问题的答案。

天才的秘密

很多朋友在惊叹于手绘思维导图的魅力时，也会产生疑问，看上去很有艺术感的思维导图为什么能够帮助我们的大脑更好地工作？事实上，思维导图的发明人东尼·博赞对这个问题做了大量的调研，并得出了惊人的研究结果。为了探索大脑有效工作的秘密，他考察了人类历史上那些最聪明的人的笔记，希望从中找到天才们高效能学习和工作的秘密。通过考察这些笔记手稿，他发现这些天才的笔记有一个共同特点，就是图文并茂，也就是说，笔记里不仅有文字，还有大量的图形。

图1-4是达·芬奇的手稿笔记。达·芬奇不仅是一位伟大的画家，也是一位非常出色的发明家。他在很多领域都做出了巨大贡献，毫无疑问，他是人类历史上最聪明的人之一。打开这位天才的笔记会发现，他的笔记很奇怪，既有图又有文，而不是单纯的图片或者文字。为什么这样一位天才会用这样一种方式来记笔记呢？

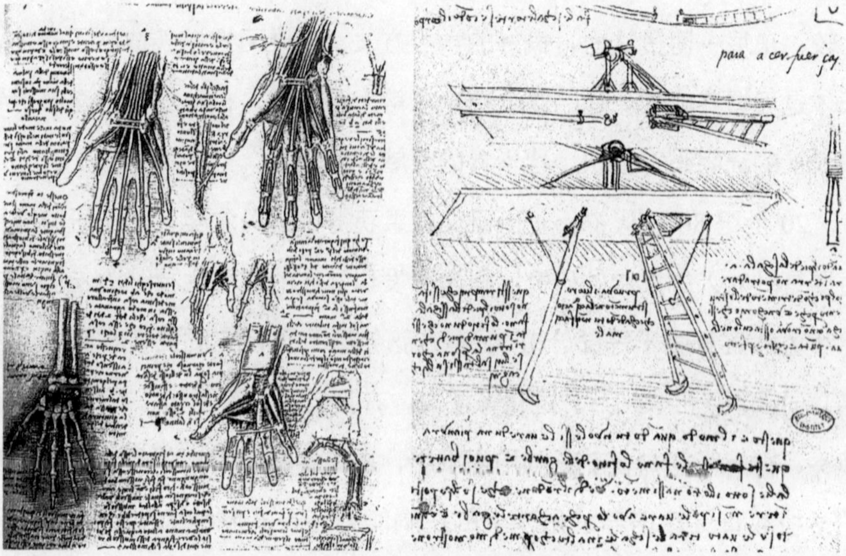

图 1-4　达・芬奇的手稿笔记

不仅达・芬奇，还有很多天才用类似的方式记笔记，如达尔文。看着这些天才的笔记，东尼・博赞逐渐产生了两个推论。

推论 1　因为他们是天才，所以他们会运用这样图文结合的方法做笔记。

推论 2　因为他们运用这样的方法做笔记，所以他们能够取得天才的成就。

这两种推论最终得出的结论其实有本质的不同。第一种推论的言下之意是，这种图文结合的思考方式是天才的天赋，一般人学不会。第二种推论的意思是，所谓天才不过是良好的学习方法和思维习惯培养造就的结果。换言之，你也可以成为天才，只要你使用天才的学习方法和思维习惯。天才是“练”成的，而非单纯的天赋。这意味着，一般人与天才之间，根本的差别是学习方法、思维习惯之间的差别。经过认真研究比较，东尼·博赞认为，良好的学习方法、思维习惯培养造就了天才，天才是习惯养成的。他的这个结论非常大胆，但是，他的结论能够得到科学上的证明吗？很快，科学界的权威证明来了。

20 世纪 80 年代初，一份研究成果获得了诺贝尔奖，这份研究成果主要是针对人的大脑的研究。科学家发现，人的大脑主要分为左脑和右脑（当然还有脑干等部分），而左右脑分工不同，左脑更多掌管人的数字、词语、条目、细节、逻辑等能力，右脑更多掌管图像、想象、色彩、节奏、空间等能力，左右脑均衡发展，才是全脑思考。但是，我们现实的学校教育更多培养的是学生的左脑能力还是右脑能力呢？毫无疑问是左脑。学校的语文、数学、外语、理化等所谓主科，更多培养的是左脑能力，美术、音乐等偏重右脑的课程被不断边缘化。这样的结果就是学生的左脑能力在飞速发展的同时，右脑能力停滞不前乃至倒退。在上思维导图课程时，我经常会对参加课程的成年人做现场调查：绘画能力和色彩感觉是右脑的重要能力，那么请认为自己这方面的能力比幼儿园大班孩子逊色的朋友请举手示意。每次调查都会引起现场观众深深的共鸣和热烈的响应。

学习的竞争，本质上是大脑运用效率的竞争。只使用左脑进行学习的学生，好比参加马拉松比赛却被绑住了右手右脚只能用左手左脚参赛的选手，跟没有被束缚的学生在同一起跑线上竞赛，你认为他有获胜的可能性吗？答案当然是没有，因为这是一种不公平的竞赛，因为他的大部分潜力被束缚了。如果是 20 多年前，这不是一个很大的问题，因为大家都不知道思维导图，都只会用左脑的学习方法，在天赋差不多的情况下，拼的就是专注和坚持，所以当时考上清华、北大的农家子弟数量也不少。但是现在，每个家庭的条件不同，父母的眼界不同，造成了只用左脑的孩子和有效运用全脑的孩子间的不公平竞赛，寒门子弟越来越难以考上清华、北大名校了。

无论学生的学习还是成年人的工作，运用思维导图都能提高其思维质量和学习效率。我们的大脑能更高质量地工作，主要基于思维导图的三点优势。

全脑优势

任何一幅相对规范的思维导图，都是既有左脑的数字、逻辑、条目、细节等要素，又有右脑的图像、想象、节奏、空间等要素，这是一种真正全脑式的学习和思考，这是大脑的工作机理和天才们高效的秘密。如果你的孩子能够养成这样的习惯，他的记忆效率、学习效率自然比单纯运用左脑的孩子有更大的优势，这就是运用思维导图非常重要的价值——全脑思考发掘大脑的潜力。由此，思维导图的发明人东尼·博赞甚至不无得意地宣称：目前人们只能运用大脑潜力的 1%，余下的 99% 交给思维导图就好了！

知行合一

麻省理工学院的校训是“MIND and HAND”，意思是“动脑又动手”，大脑解决的是认知问题、理论问题，双手解决的是现实问题、实践问题，动脑与动手结合起来，就是理论学习与实践改进结合起来，这才是有效的学习方法，这也是明代思想家王阳明所强调的知行合一。

知行合一如此重要，但事实上，要做到这一点相当不容易。我常半开玩笑地问学员：“这世界上最遥远的距离是什么？”学员的答案各种各样，而我的答案是，在学习领域，世界上最遥远的距离就是从大脑到双手的距离，也就是从知道到做到的距离。很多道理，3 岁的孩子都懂，但到了 80 岁，他未必做得到。从知道到做到何其遥远，知行合一何其难！

在培养知行合一的能力方面，思维导图的作用显著。在绘制思维导图时，不仅需要调动大脑的脑细胞，把内容想清楚，还需要运用你手部肌肉细胞的力量，把内容画出来。如果坚持手绘思维导图的习惯，不断地训练自己的手、眼、脑结合的能力，知行合一的习惯就会逐渐养成。随着时间的流逝，想象力、执行力都能有极大的提升，与不懂或不运用思维导图造成的知行脱节的人相比，巨大的差距就体现出来了。这就是“天才不过是良好的学习方法和思维习惯培养造就的结果”这一科学判断的由来。

专注思考

当前，有太多的外在诱惑在分散我们的注意力，让我们很难专注于做一件事达到“心流”的程度。由于时间的碎片化利用，让不少人满足于朋友圈阅读的浅学习、浅思考状态。然而，如果养成手绘思维导图的习惯，当你沉浸于思维在你手中开花绽放的美妙体验的时候，不知不觉间，你的专注力就会提升，思维的系统性也会提高，日积月累，你就会养成利用思维导图进行深度学习和思维的习惯。

驾驭我们的大脑和驾驭汽车有相似之处。在学驾驶时，至少需要一个月的反复练习，方能在驾驶时做到得心应手。同理，驾驭我们的大脑，养成正确运用思维导图的习惯，达到“手中无图，脑中有图”的程度，也就是说，即使手中不画思维导图，大脑仍然无时无刻不在利用思维导图的结构整合信息。这需要大量的练习，手绘 100 幅导图是基础，因为熟才能生巧。

可不可以不经历艰苦练习，就达到熟练驾驭大脑的程度？答案是不可以。古代有这样一个笑话。傻子到一家包子店，一连吃了七个包子，终于吃饱了。付钱时，傻子纳闷：既然吃第七个包子时就饱了，为什么还要吃前面六个包子，付这么多钱呢？直接吃第七个包子，付第七个包子的钱不行吗？“基础不牢，地动山摇”，我们可不能犯傻子一样的错误。只有老老实实做练习夯实基础，大脑能力的提升才是水到渠成的事情。

思维导图的运用提示

绘制思维导图，其实并不难。但为什么有的人经过一段时间的练习，思维导图绘制得也不错，学习能力却没有提升。一些人花费大量的时间把思维导图的中心图和小图标画得美轮美奂，却无法运用于自己的工作、生活中。经过一段时间的尝试后，就片面地认为思维导图没什么用，就放弃了继续使用思维导图。也有一些企业花不少代价请外部专家培训员工绘制导图，学习了绘制，但结果不会运用，这是对企业的资源和时间很大的浪费。

思维导图的绘制与运用，好比文章的上下篇。思维导图的绘制是文章的上篇，运用方法是下篇。学以致用，用以促学，才是学习思维导图的目的和主要方法。因此，我们应该坚决反对把思维导图当作美观但不实用的“屠龙之技”的做法，树立运用思维导图的信心和决心。对于企业、学校、个人来说，应该如何低成本、高效率地运用思维导图呢？在此就我们团队的经验，给大家一些运用的线索，供参考。

企业——运用思维导图打造百年老店

管理大师彼得·圣吉曾经指出企业的“智障”问题，很多由平均智商高达 140 的成员组成的团队智商只有 110，背后其实是团队“智障”干扰的结果。如何破解团队“智障”干扰的难题，打造真正基业长青的百年老店？思维导图是可以帮助企业真正成为学习型组织的好工具。事实上，思维导图可以帮助企业达成从根本上克服团队“智障”的五项修炼。

- 自我超越。思维导图的优化之路没有穷尽，企业所绘制、运用的思维导图可以从最基础甚至最粗糙的版本开始，不断快速加以迭代和完善。
- 改善心智模式。运用思维导图将个人和团队的思维过程可视化，可以增强成员的沟通效果，有助于改善团队的心智模式。
- 建立共同愿景。团队的愿景可以运用思维导图的方式绘制出来，并随着时间的推移不断更迭，保留每个版本，让思维导图记录下的目标和使命成为团队每个人共识后的共同愿景。

- 团队学习。运用思维导图进行团队学习和分享，加快团队学习的速度，提高团队学习的质量，让每一位团队成员都能愉快而有效地学习，同时通过分享快速地提升。
- 系统思考。企业可以将所处的行业价值链、商业模式画布的每一个环节、每一个节点，都运用思维导图进行系统分析、深入总结，也可以以部门为单位，对部门的每项关键活动运用思维导图进行系统梳理，这不但可以发现很多商业机会，也可以更好地做知识的积累和经验的沉淀。

学校——运用思维导图提升教学效能

思维导图在中小学中开始逐渐流行，很多学校专门成立了思维导图学科课题组，研究思维导图在教学中的运用。相比过去，这是一个明显的进步。不过，由于起步较晚，多数学校老师的思维导图绘制水平和运用经验都有待提升，优秀的思维导图作品资源之间的借鉴和交流也有待加强。此外，思维导图背后有系统的学习技巧。如何将思维导图与阅读技术、记忆技术、笔记技术、引导技术结合起来，真正提高学生们的学习效率，在系统运用方面，还有广阔的空间值得教育工作者拓展。

个人——运用思维导图实现不断精进

对于成年人来说，明确运用思维导图的目标最重要。如果为了提高工作效率和生活品质，那么思维导图绘制得精美与否就不应该是主要的评价指标，简单实用的思维导图才是方向。明确了这个标准，在开始运用思维导图时，就算不擅长甚至不会画图标，也不要有任何心理负担。只要能解决问题，由简单的关键词和粗糙的线条组成的思维导图也是有价值的。要防范完美主义心理带来的危害：在绘制思维导图时，如果为了追求画面美感，在画图上花费太多时间，真正的学习目标或工作任务却没有达成，这样的选择并不明智。思维导图绘制可以随着练习的增加和运用的熟练，逐渐提升速度和效率。所以，我们提倡以轻松的心态、小步前进的方法绘制及运用思维导图。

学生运用思维导图，可以利用寒暑假来学习、练习绘制技巧，熟悉绘制工具。开学第一周，将所有学科的目录导图绘制出来，这样会对一学期知识的地图大致胸中有数，方便后期进行细化和深入的了解。学期中根据各个学科老师的教学进度来绘制细节导图，做好复习巩固工作。考前运用思维导图结合教材来进行复习和总结。

启示：选择决定命运

有人问三个砌砖工人："你们在做什么？"第一个工人回答："我在砌砖。"第二个工人回答："我在赚钱。"第三个工人回答："我在建造世界上最有特色的房子。"面对同样一份工作，得出了三种截然不同的答案。这背后反映的是不同的态度和选择，因此也会有不同的结果和命运。

《道德经》第四十一章有"上士闻道，勤而行之；中士闻道，若存若亡；下世闻道，大笑之，不笑不足以为道"的格言。大体上，对待思维导图也有相信、怀疑、嘲笑的三种态度。知行合一、勤加实践，这是第一种态度。将信将疑、用用停停，这是第二种态度。嘲笑讥讽、故步自封，这是第三种态度。我们的态度决定了我们的选择，而我们行为的结果会决定我们的命运。

相信、怀疑、嘲笑，对待思维导图的这三种态度，你选择哪一种？

第二章

思维导图基本功

思维导图的基础理论

朱文滔

当遇到学习障碍、工作上缺乏创造力或者生活陷入困境时，有人就会说“一定是我脑袋太笨了”“我脑子在想什么呢”“我怎么就不会用脑子呢”等。你是不是“躺着中枪”了？请回忆一下，从幼儿园到大学，学了很多科目，有没有哪个科目教你如何有效使用大脑的。没有！那么，到底应该如何有效地使用我们的大脑以达到高效学习、工作和生活的状态呢？下面就让我们先来认识神奇的大脑。通过对大脑结构和功能的科学认识，将为运用思维导图打下科学的理论基础，同时揭晓思维导图能够帮助我们高效学习和工作的秘密。

认识神奇的大脑

在当前科技迅速发展的全球化网络时代，当人工智能在很多领域已经把人类甩到千里之外的时间节点上，我们仍然可以自豪地说，我们拥有世界上最先进的生物电脑——人的大脑。汉诺瓦保险公司总裁比尔·欧布莱恩曾经如此形容我们的大脑："地球上未开发比例最高的地区，就是介于两只耳朵之间的空间。"人的大脑蕴含着无限潜能，人类在21世纪面对的挑战之一就是深入了解并有效地运用我们的大脑。

在目前所知道的每个正常人的大脑中，约有1万亿个脑细胞。其中负责思考的脑细胞，也称神经元，约有1 000亿个。每个神经元都包含一个电化复合体和功能强大的微数据处理及传递系统。虽然人的脑细胞结构异常复杂，但是它的大小只有针尖那么大，形状看起来就像超级章鱼，中间有身体，周围有十根、百根或者上千根的触须。在"自然智能及人工智能的形成"论文中指出，每一个脑细胞与其他脑细胞在同一时刻可能产生一万多个连接。正是这样的连接形成了庞杂巨大的网络节点，缔造了人类与其他动物在思维活动上诸如创造力、情绪、意识和记忆等方面的差别。

脑神经学家麦克莱恩以"三位一体脑"来描述大脑的进化过程与功能。

第一部分是脑核，延伸自脊髓中央的饼状物，是脑部在母体子宫里发育过程中最先成形的部分，也是进化过程中最先出现的脑部形态，被称为"爬虫类脑"。其功能是负责传送来自感觉器官所接收到的信息，掌管人类日常基本生活相关信息的处理，包括呼吸、心跳、觉醒、运动、睡眠、平衡、早期感觉系统等。

第二部分是脑缘系统，是大脑进化过程中最先发展的一部分，被称为“古老哺乳动物脑”，包含海马体与杏仁核。它负责处理情绪、情感行为，对记忆也有重要作用。另外，它还负责体温、血压、血糖，以及其他居家活动等。有了它，动物才会形成社会合作关系。

第三部分是大脑神经新皮质区，是脑部进化过程中最后阶段才完成的部分，大约 8 000 万年前哺乳动物出现后才存在，故被称为“新哺乳动物脑”。大脑皮质区两侧的区域大致成对称状，左右两边就是我们俗称的左右脑，均包含额叶脑、顶叶脑、枕叶脑、颞叶脑四个部分。新皮质区与边缘系统都在大脑里，负责理性思考、说话、归纳、推论与创造，所以它也是我们最为关注的，了解其功能对高效使用大脑有着重要意义。

20 世纪 60 年代末，加利福尼亚理工大学教授罗杰·斯佩里公布了他对大脑皮质调查的结果，即大脑皮质区左右两边有不同的心智能力。一般情况下，左半脑主要负责的功能是文字、逻辑、语言、数学、推理和分析；右半脑主要负责的功能是图画、音乐、韵律、情感、想象和创造（见图 2-1）。斯佩里因此在 1981 年荣获诺贝尔奖。

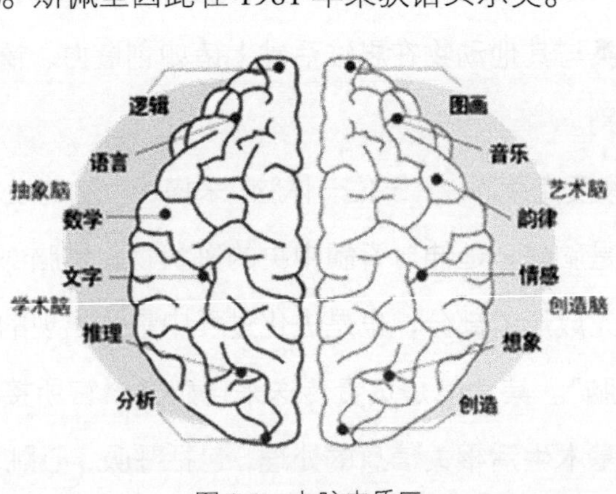

图 2-1　大脑皮质区

后续脑科学的研究进展，除了证实斯佩里的理论，还有些不同的新发现。虽然左右脑掌控了一些固定的行为活动，但斯佩里指出的心智能力，事实上遍布在大脑皮质区的每一处。现代脑科学的新观点是：每个记忆和思考过程都需要大脑不同区域协同工作才能完成。所以，我们可以通过开发左右脑的功能潜力，使左右脑协调发展，达到高效学习、工作和生活的理想状态。

大脑使用说明书

对大脑基本构造的认识，为我们有效利用大脑打下了脑科学的理论基础。我们该如何开发大脑的潜能以使其高效工作呢？答案是我们需要有一份遵循大脑活动规律、高效运用大脑的“使用说明书”。从婴儿呱呱坠地那一刻开始，很多父母便多了一份忧虑：虽然望子成龙、望女成凤的愿望如此强烈，但常常苦于自己都不知道如何有效地运用大脑，更谈不上去指导孩子更有效地运用大脑了。我们多么盼望能有一份说明书来指导我们啊！令人振奋的是，英国的东尼·博赞先生完成了发明思维导图的任务，帮我们找到了这份大脑使用说明书——思维导图！

先来认识一下思维导图。思维导图，又叫心智图，是表达发散性思维的有效图形思维工具。它简单却又极其有效，是一种革命性的思维工具。

思维导图运用图文并重的技巧，把各级主题的关系用相互隶属与关联的层级图表现出来，把主题关键词与图像、颜色等要素建立记忆连接。同时，思维导图充分运用左右脑的机能，利用记忆、阅读、思维的规律，协助人们在科学与艺术、逻辑与想象之间平衡发展，从而开启人类开发大脑无限潜能的新时代。

图 2-2 是李思学的自我介绍思维导图。

图 2-2　李思学的自我介绍思维导图

思维导图的特征

形式的自然化

从形式的角度来说，思维导图是一个天然思考工具，以大自然中天然结构的有效性和灵感的发散性为基础，体现了大自然的特征。它除了与大脑神经元的结构天然相似，还与自然界中的诸多事物有着近似的模式，如大树的枝干、叶片的纹路、原子的组成、大河支流的分布甚至土豆片上的花纹等。不仅如此，思维导图的创作过程也与大脑思维过程中神经元在大脑中爆炸性地寻求新的连接相一致。因为人脑的思维是多方面的、发散性的，所以当我们在绘制思维导图时，主干会延伸出去，形成次级分支并发展出更多的内容。同样，思维导图的所有内容都是相互联系的，它能帮助大脑通过联想进行进一步的连接和想象。思维导图的这种自然化特征让它更真实地反映大脑的工作模式。

思维的可视化

简单地说，思维导图就是将头脑中的思维过程视觉化呈现的结果，这也是 20 世纪思维科学研究最重要的成果。我们通常是在记录思考的结果，而思维导图的绘制则将大脑思维的过程进行了记录，并将其用图形的方式表达出来，让我们看得如此清晰全面。日本的右脑专家七田真曾经说过，人的右脑记忆能力是左脑记忆能力的 100 万倍，思维导图通过可视化的方式，充分地开发右脑的各种能力，帮助我们释放出巨大的大脑潜能。思维导图的全景式图形呈现的方式，为大脑高效运转提供了广袤的驰骋空间。可以说，思维导图就是大脑思维过程的呈现。

内容的结构化

思维导图可以帮助我们走出以往线性笔记或线性思考模式束缚的弊端，让我们在一张纸上记录丰富的信息，并显示信息间的关联性、结构化的内容，增强思维的逻辑度和创造性。例如，一幅思维导图可以让我们清楚地看出一个主题不同层次结构的信息，清楚地看出各个层级信息之间的关系，帮助我们以知识全景图的方式全面思考问题，通过按照大脑本身的规律进行工作，以增加思考的弹性及灵活性。

思维导图能有效地帮助我们做决策、组织想法、开展脑力风暴、改善记忆和提升想象力等，所以思维导图被称为大脑使用说明书，被许多使用过它的人称为思维的瑞士军刀，甚至思维的终极利器。

思维导图的绘制步骤

何　茂

手绘思维导图包含六大核心要素：中心图、空间结构、线条、关键词、小图标、色彩。对于六大核心要素，我们按绘制的步骤，依次来进行说明。

1. 绘制中心图

思维导图的第一个核心要素是中心图，中心图的位置要放在整幅导图中央的位置，大约占纸张面积的 1/9~1/6，要用至少三种颜色进行绘制。色彩丰富的中心图能刺激视神经，激发右脑积极工作。中心图是一幅与绘制主题相关的图像，这个相关性可以是直译、意译或者联想，不要选择漂亮但与主题没有紧密关联的图像。

例如，我们以“思维导图入门”为主题来绘制思维导图。主题在于“入门”二字，直译就是绘制一个大门，意译就是绘制一把钥匙或者一个拿着钥匙的人，而联想则是乘坐飞毯或者长出翅膀，飞进思维导图的大门。这里就需要开动脑筋充分发挥想象力了。

2. 设计空间结构

思维导图的第二个核心要素是空间结构，也就是整幅思维导图一共有多少类别的内容需要呈现。根据大类，确定一级分支的数量，尽量把一级分支总数控制在 7 个以内，分支过多，大脑容易感觉疲劳，从而降低工作效率。在设计空间结构时，首先进行各分支的分布设计，分支不可交叉和重叠。在绘制导图时按照从纸张右上角 45 度左右出发，即 2 点钟方向出发，按照顺时针方向的规则进行分支排列，每个线条与水平方向的夹角小于 60 度，同时每个分支的层级控制在 3~5 级，做到归类清晰，逻辑层次明确。

3. 绘制线条

思维导图的第三个核心要素是线条。对比传统的线性笔记，对线条的使用是思维导图的显著特点。思维导图的每个线条都代表着大脑思考的一条路径，中间不能中断。在绘制思维导图的过程中，选用曲线进行绘制，曲线的特点是更柔和、更灵动，也更符合大脑的思维习惯。在绘制过程中，线条要从中心图出发由粗到细，这样不但能够更好地突出中心主题，同时能够更加清晰地展现分支内容之间的层次关系。分支线条的长度应当与线上的关键词长度大体相当，这样做的好处是能让思维导图紧凑和美观，提升思维导图的质量。在颜色布局方面，由于每个分支构成相对完整的知识模块，因此单个分支颜色要求尽量统一，相邻分支之间采用冷暖色来间隔。

4. 提取关键词

思维导图的关键词是绘制者对文段内容的提炼，需要进行总结和概括，变成一个意思完整的词语，不能用短语或者句子。为了便于阅读，关键词的书写要尽量使用正楷字体，每个线条上写一个关键词，尽量沿着线条平行书写，同时与线条保持合适的距离。关键词的提炼无绝对正确的标准答案，只要符合自己的绘制目的，符合分类标准和思维逻辑即可。因为每个人的经历不同，所以每个人提炼的关键词也具备个性化的特点。关键词常常会因人而异、因需而异、因结构而异。书写关键词的颜色可以是黑色，也可以是与线条颜色相同的颜色，但是注意慎用浅色，如浅绿、浅黄、浅粉，因为浅色不容易看清楚，易被大脑忽略。

5. 绘制小图标

思维导图中的小图标虽小，作用却大，因此常有“一图胜千言”的说法。绘制思维导图时，通过图像来呈现关键内容，更有助于大脑进行记忆存储。

6. 搭配色彩

思维导图的色彩是融入思维导图绘制过程中每个环节的要素。中心图用三种以上鲜艳色彩搭配，分支线条用绚丽的冷暖色彩间隔搭配，小图标一样要通过色彩来进行绘制。从根本上来说，我们的大脑具有“好色”的特点，明丽的色彩搭配可以吸引大脑的注意力，提高大脑的专注度，从而提升大脑的工作效率。

思维导图的关键词提取

薛丽娜

关键词是绘制思维导图的一个必备要素，也是思维导图运用的一个难点。不少朋友了解思维导图的基本原理后，感觉很心动，于是想运用，然而在实际运用时，就感到有困难。关键词的提取就是学习和运用思维导图路上的一只“拦路虎”。不少朋友对提取关键词有一系列困惑，产生了诸如“关键词有什么特点”“如何有效提取关键词才能让思维导图更加高效有用”“为什么必须使用关键词而不能运用句子或短语”等问题。本节将通过对关键词提取相关内容的讲解，解决大家的困惑。

关键词的魔力

你是否有这样的体会，领导台上发言滔滔不绝，你却不知道他到底讲了一些什么重点内容。如果他把讲话的要点用关键词概括出来，用 PPT 显示在屏幕上，你就会轻松地跟上他的思路。在阅读时类似，不看目录或标题，不知道这段文字是什么意思，看了标题及目录，我们就能恍然大悟。潜意识里会主动去寻找关键词，这是人类大脑的自然反应。人们所说的“纲举目张”，也就是一本书的关键结构和内容，会集中体现在书的章节、目录中。不妨设想一下，如果一本书没有章节、目录、标题这样的一些关键词信息，只是黑压压、密麻麻的文字内容，估计读者很难有耐心把这本书看完。

关键词的重要性在做笔记时也能清楚地体现出来。在做笔记的时候，我们希望自己可以准确地记住发言人讲话内容的要点，或者老师授课的内容要点。然而，大多数人做完笔记后，这些笔记的命运往往是石沉大海，再不会被翻看。为什么呢?

首先，多数人做的笔记没有重点。因为记录时缺少关键词的提取环节，重读的时候大脑必须对笔记进行二次加工，这需要花费不少的时间和精力。其次，这种笔记不易记忆。记忆的主要工作方式之一是联想，标准笔记的线性表达使得记忆性词语被彼此隔离，知识间的关系被打断，对思维的创造性和信息的关联度都造成负面效果。此外，使用单一颜色表达的笔记，不能有效地刺激大脑，也容易被我们的大脑拒绝和遗忘（见图 2-3）。

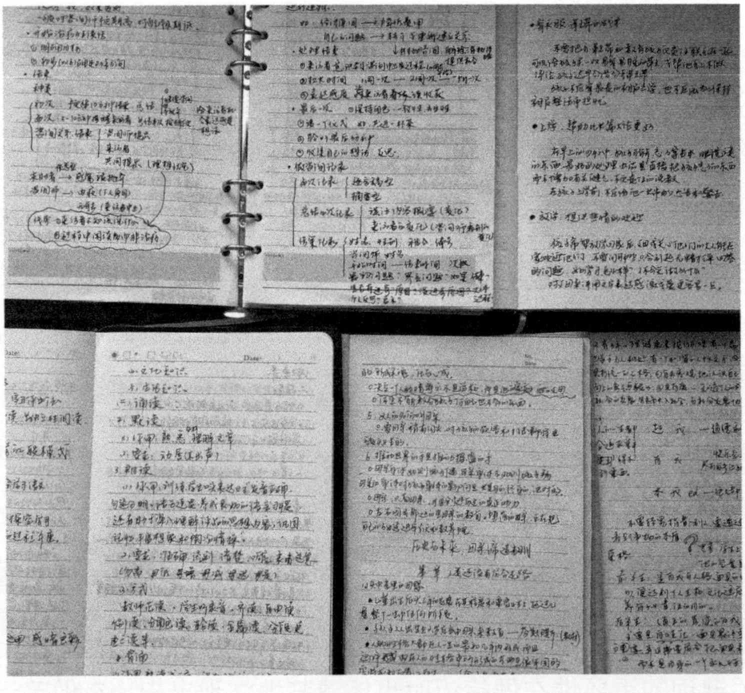

图 2-3　标准笔记

关键词是思想的核心载体，也是记忆的关键所在。与传统的线性笔记埋没关键词的负面效果相比，思维导图恰恰凸显了关键词这一核心要素。关键词是重点，是刺激大脑活力和开启记忆之门的至关重要的激发器、指示牌，还能使我们的注意力聚焦于真正的主题，让我们能够抓住重点，厘清思路，高效地查阅资料，有效地整合信息（见图 2-4）。学习时，使用关键词的技术可以有效地节省时间，提高记忆效率。复习思维导图笔记时，不必在枝节词汇里面寻找重点关键词，这不但可以节省我们复习时 90%的时间，同时，大脑更易于接受和记忆形象生动、色彩丰富、内容简洁的思维导图，可以在关键词之间产生生动清晰的联想，从而使大脑里不断涌现出新的想法，激活我们的创造力。

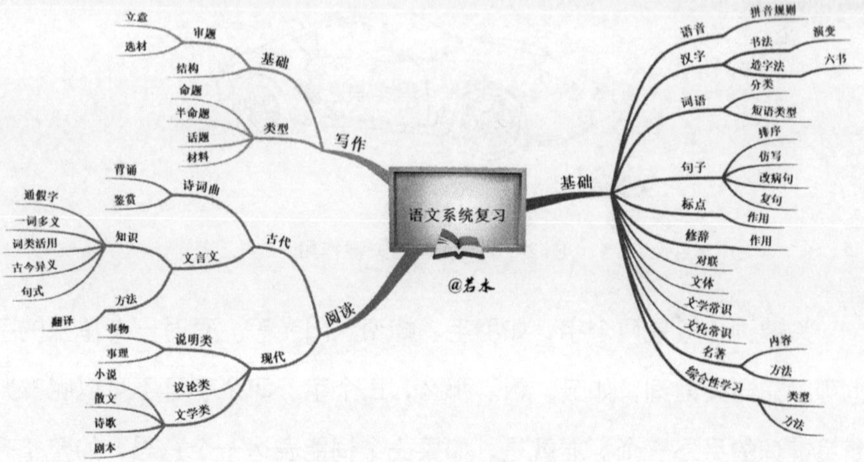

图 2-4　思维导图笔记

由此可见，提取并运用关键词的技术是力量非凡的学习方法。难怪法国军事家拿破仑会说：“我们用词语来统治人民。”认识了关键词的威力，接下来就让我们走进关键词的世界，去了解关键词的规则。

关键词的规则

所谓关键词，就是起关键作用的词语。判断一个词语是不是关键词的重要标准就是，能不能删掉这个词语。如果删掉后影响意思的表达，这个词语就是关键词；如果删掉后不影响意思的表达，这个词语就不是关键词。打个比方，如果把思维导图比作一辆汽车，关键词就好比汽车的轮胎，缺了其中任何一个轮胎，汽车都不能平稳前进了（见图 2-5）。

图 2-5　关键词的关键作用

关键词一般是两个字，如羽毛、峰峦、阳光等。有时一个单独的字也可以充当关键词，如云、飘。那么，三个字、四个字可不可以呢？判断关键词的另外一个标准就是，如果一个词能表达一个意思，如整整齐齐、严严实实，就可以叫作一个关键词。成语是言简意赅用四个字表达丰富意思的词语，但是不能拆开。一旦拆开了，意思也就发生了变化。还有一些俗语，如闭门羹、无事不登三宝殿等，可以看作一个词语，也可以充当关键词。

思维导图是一种将思维可视化，并有效激发想象和整理思维的方法（见图 2-6）。激发想象是基于联想和想象的发散结果，目的是实现“思维有物”。整理思维是厘清层次和顺序关系的过程，是为了实现“思考有序”。“有物”又“有序”才是高质量思考的特征。据此，我们把思维导图的关键词分为记忆性关键词和创意性关键词两大类。

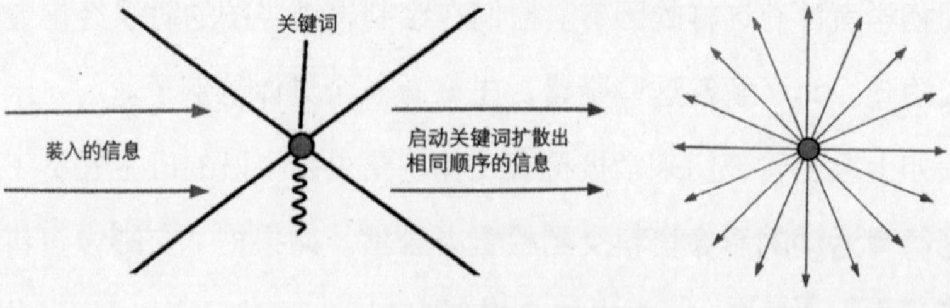

图 2-6　激发想象，整理思维

记忆性关键词就像一个漏斗，当你听到一个词语时，就如同在一个漏斗里装入了一系列特殊图像。一旦被触发，这些图像就会从中大量涌出。相信你也有这样的经历，在清理房间时，看到了孩子蹒跚学步的照片。这张照片会勾起你的记忆，你会想到孩子当时的情景，包括在什么地方，和谁在一起，甚至每个人的表情、动作、话语等。这张照片牵动我们的思考和记忆快速复苏。

创意性关键词是指具有焕发性，易于触发想象并形成图像的词语，它可以激发我们产生更多的联想和创意。例如，通过“想象”这个词语，我们可能会想到白日梦、海市蜃楼、浩渺的宇宙、动画片、科幻片、游戏、《西游记》、《三体》、《盗梦空间》、《我的世界》、机器人、外星人等。

关键词如同长满钩子的球，帮助大脑唤醒沉睡的信息。因为关键词的这个特性，大脑很容易跟着错误的联想走，尤其是跟着创意性词语所发散的联想走。但是，记忆性关键词则迫使大脑沿着明确的方向合理联想，使大脑做出正确的连接。记忆性关键词的正确运用对大脑的记忆特别是复习很有帮助。

关键词的书写规则是一线一词，也就是一段曲线上写一个关键词。为什么这样要求？一个线条上写一个短语或者短句不可以吗？很多思维导图初学者都有这样的困惑。他们在绘制思维导图的时候经常会使用短语或短句。为了解答这些疑惑，先来看一个具体的例子。

假如上级主管部门来学校检查工作，要求每个班的班主任下午 3 点以前把德育活动的影像资料交到检查办公室。如果把“交影像资料”这个短语写在一个线条上，思维就会受到限制，大脑就只会接到一个指令，把影像资料交了就可以了。

如果遵循一线一词的规则，情况就完全不一样了。我们可以交“资料”，也可以交“费”，资料包括宣传册、文件、影像、笔记等；费包括水费、电费、手机费、停车费、饭费等。因为一线一词的规则，我们的大脑中就呈现出更丰富的想法。交费和工作主题没什么太大的关联，但是关于活动的文件资料、记录的笔记、设计的宣传册也都是相关材料，可以一并整理好备用。一线一词可以打开思想灵感的活口，防止出现重大的遗漏，让思维更全面，也更严谨。因此，绘制工作计划、问题分析等类型的思维导图时，要严格遵守一线一词的规则（见图 2-7）。

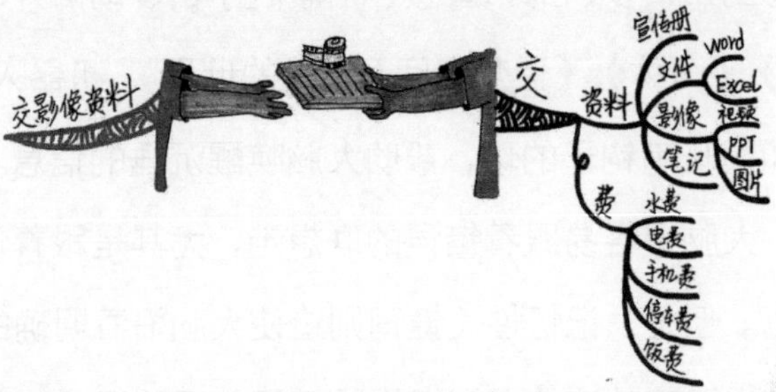

图 2-7　一线一词举例

关键词的处理

思维导图是以层级图的形式展示大脑思维过程的方法。简单地说，就是先分类，后分层。绘制思维导图时，进行关键词的联想思考是基本的思维方法。关键词联想出来后，就需要进行分类、分层。该如何对关键词进行分类、分层的处理呢？

我们先来做一个小练习，请把下列词语进行分类。

玫瑰	太阳	桌子	天空	篱笆
月亮	水池	流星	礁石	贝壳
房子	大树	轮船	床	海洋
窗口	白云	章鱼	花园	椅子

在分类的时候可以从自己积累的生活经验和知识中去找线索。先归大类，再做分层。归类时，可以从不同角度思考。如果分为两类，可以分为自然和人造（见图 2-8），也可以分为静态和动态；如果分为三类，可以分为海洋、陆地、天空（见图 2-9）；如果分为四类，可以分为天空、花园、海洋、房子（见图 2-10）。

图 2-8　二分法

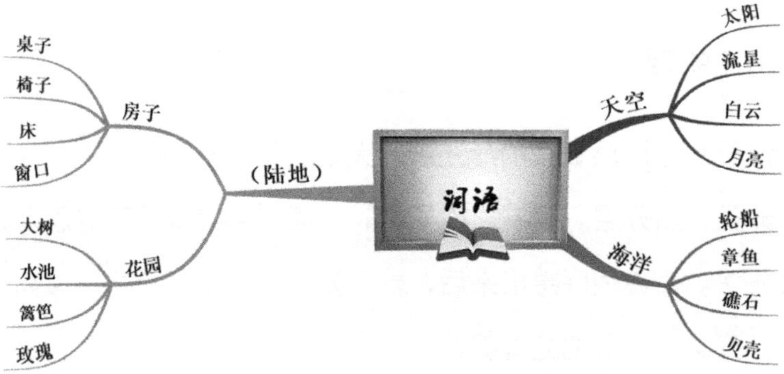

图 2-9　三分法

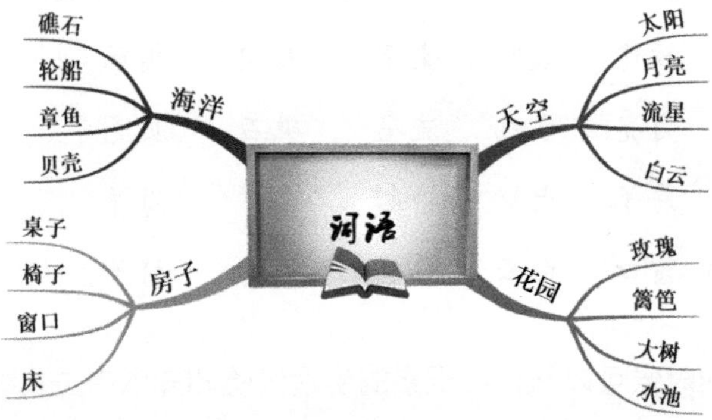

图 2-10　四分法

在分类的过程中，大类分得越少，下一层级的内容就越多，就需要继续细分。因此找到恰当的分类标准可以有效地帮助我们厘清事物的内在规律，达到快速记忆的效果。分类没有绝对正确的标准答案，但需要根据逻辑和经验进行判断。

分类可以根据时间顺序来划分，如历史事件；也可以根据功能来划分，如组织机构中不同的部门职责；还可以根据流程来划分，如一节课程的教学流程；等等。

思维导图的图库生成

图像是思维导图的必备要素，也是思维导图学习和运用的另外一个难点。多数人认为自己不会绘画，没有绘画天赋。在现场调查时，经常有人觉得自己是绘画零基础就不能用思维导图，甚至有人认为自己是绘画负基础，所以肯定学不会思维导图。画图关是思维导图练习和运用中必须攻克的一个关口。那么，该如何快速突破思维导图的画图关呢？思学团队总结的图库生成技巧是解决这一难题的答案。

图像的魔力

当你听到一个词语，如水果时，你的大脑中呈现出什么信息？是不是各种各样好吃的水果呢？红红的、香脆的苹果，黄黄的、绵软的香蕉，橙色的、酸酸甜甜的橘子……“看”着这些美味的水果，就能让人有想吃的冲动。这个例子说明，我们的大脑是以图像的形式在思考的。

如图 2-11 所示，这幅漫画的主题是《耳光与亲吻》，被选为 2016 年高考作文题。你从这幅图上看到了什么？有人看到了家庭教育中的苛责与鼓励，有人看到了评价标准的双重性，还有人看到了选择性忽视与选择性关注。1 000 个人会有 1 000 个哈姆雷特，每个人都会从这幅图中看到不同的内容。

图 2-11 《耳光与亲吻》

当看到一幅图时，大脑其实已经启用了大量的技能，如色彩、外形、线条、维度、质地、想象和视觉节奏等。图像可以吸引注意力，在语言技能和视觉方面建立刺激性的平衡，提高我们视觉的敏感度。图像可以触发广泛的联想，提高记忆力，还可以唤起情绪的变化，如愉悦、忧伤或震撼等情绪的波动。

古往今来，图像在人类的生活中一直扮演着极其重要的角色。在新石器时代，古人用结绳的办法来记录生活中发生的事情，后来慢慢演变成符号刻记，而这时候的符号也很简单，如圆圈、三角、米字等。哪怕是最简单的一个结、一个符号都能够帮助我们记忆生活中所发生的事情。可见，图像对于记忆发挥着极其重要的作用。

对于现在所处的 E 时代，人们表达情绪时更多地选择了表情，而图像已经成为人们表达情绪时最常用的符号。

一旦感受到了图像的巨大魅力，你就能理解思维导图中为什么必须使用图像了。图像会提醒大脑注意，刺激联想，提取到要表达的关键信息。图像可以提升记忆力，让大脑更轻松地记住重点。图像可以激发创意，找到更多解决问题的方法。绘画还可以给我们带来一种愉悦的心理体验。沉浸在绘画的世界里，我们的内心会获得专注而平和的心流体验，思考和学习的能力也会快速得到提升。

图像化的技巧

怎样才能把信息和想法转化为视觉图像呢？一说到画图，很多人的第一反应就是“我不会画画”“我可能学不会思维导图了”。别着急，我们先来试一试，图 2-12 的图形你能不能画出来。

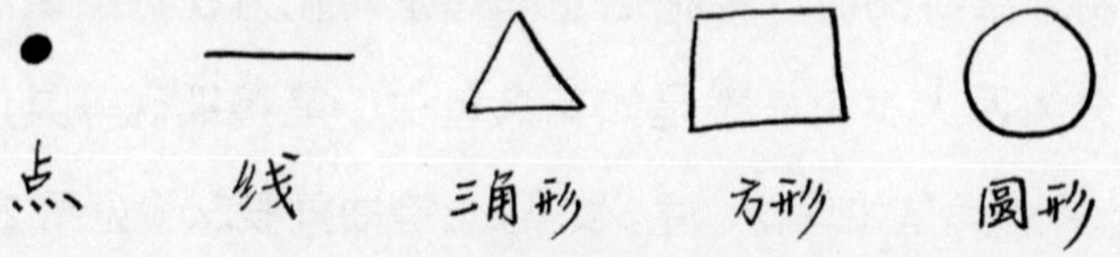

图 2-12　图形练习

你可以，对吗？我们每个人心里都住着一个会画画的天使。请观察一下身边的孩子们，他们画起画来非常专注，他们不太会关心自己画得是否完美，他们更关注是不是表达了自己的想法。我们也曾经是那样的状态。

在绘制思维导图时，我们也不用过于关注画得是否完美，只要考虑是否能够清晰地表达出想法即可。就好像图 2-13 的荷花，虽然第一幅明显是专业选手的作品，而第二幅是随手涂鸦，但是大脑都会辨识出这是荷花。

图 2-13　荷花

认知科学家认为，图形不需要画得太漂亮。科学家的研究发现，我们的大脑皮层是一个识别模式的器官，让大脑最活跃的画面不是一清二楚的，而是含含糊糊的，简单的图形更容易刺激联想，抓住人的注意力。

在绘制思维导图时，要把信息和想法转化为视觉图像。这些信息大致可以分为两大类，一类是如花鸟鱼虫、笔墨纸砚等具体事物（见图 2-14）；另一类是如理论、主义、思想等抽象概念（见图 2-15）。表示实物的图叫作象形图，顾名思义，就是描摹事物的外形绘制出来的图形。表示抽象概念和想法的图叫作会意图。对于这两类信息，图像化处理方式也有所不同。

图 2-14　具体事物

图 2-15　抽象概念

象形图——抓特征，画外形

仔细观察一下，我们身边所有的图形都是由基本形状组成的。基本形状是做图标和插图的基本组件，我们把这些基本形状称为种子图（见图 2-16）。

图 2-16　种子图

种子图包括点、线、面三大类。点包括小圆点、小方点、沙子点、豆点、水滴店、圆点、十字点、云多点、竖心点、米字点、波浪点等。这些都是点的变形。这里有实心的，也有空心的。例如，我们可以用竖心点和波浪点画出雨和风。

线包括实线和虚线。实线又有直线、折线、弧线、波浪线、锯齿线、弹簧线等，可以表达不同的功能。我们用波浪线来表现大海，用旋涡线来表示知识学习的递进。

面包括三角形、方形和圆形。三角形结构的有帆船、山、酒杯、大树、伞、陀螺、牛角、切片的西瓜、喇叭、路牌、手帕巾、沙子、小女孩的辫子等；方形结构的有箭头、相框、魔方、礼物盒、笔记本、洗衣机、大楼、信封、冰箱、手机、电视、床等；圆形结构的有太阳、向日葵、时钟、轮胎、足球、手链、硬币、苹果、煮饭用的锅等。

如何画这些图像呢？首先画出事物的大致轮廓。例如，手机是一个长方形。我们可以先画出一个长方形，然后进行细节修饰，如手机的四个角都是弧形的。你还会发现一些小细节，如手机的图标是被咬了一口的苹果。最后再涂上颜色。

绘制象形图，要抓住事物的特征，也就是这个事物区别于其他事物的独特之处。例如，体型相似的长颈鹿、斑马、麋鹿，长颈鹿最大的特点是长长的脖子，当你画出了长长的脖子，即使画得不怎么传神，都能认出是长颈鹿。我们就可以抓住特征，化繁为简。下面以枪支的绘制为例来感受一下。如图 2-17 所示，第一支枪的各个零件都清晰可见，最后一支枪只剩下轮廓，但并不影响我们的表达，借此我们可以知道这支枪的型号。

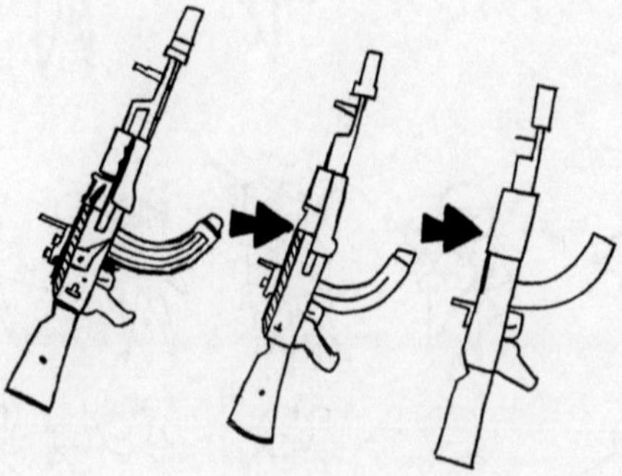

图 2-17　枪支绘制

如果遇到复杂的图形怎么办？把复杂的图形分解一下就行，所有复杂的图形最终都可以分解成种子图。通过不断刻意练习以后，无论高大的建筑还是可爱的动物，都会在你手中变得游刃有余。

物品会画了吗？有没有感觉没有我们想象的那么难？经过练习我们可以通过这些种子图画出生活中的任何物品。

画了这么多的物品，那么人该怎么画呢？

人物有三种快捷的画法：第一种是星星人，第二种是火柴人，第三种是格雷独创的画法。

如图 2-18 所示，这是一种最简单的人的画法——星星人。

先画个小圆，这是他的头，再画出他的四肢。我们可以按照逆时针方向，画一个四角星就构成了他的身体。当然，你也可以顺时针画。你可以试着把身体画得粗点儿、细点儿，或者高点儿、矮点儿，还可以自由发挥，给他加上头发、手脚，穿上衣服。这样，简单的人物就有了性别、年龄、职业，也有了灵性。

图 2-18　星星人

第二种是火柴人，画起来很简单，也非常有意思。脑袋是一个小圆，可以是实心的，也可以是空心的。空心的火柴人加点表情就可以很好地表达人物的情绪。用火柴人来画各种人物的动作也是惟妙惟肖（见图 2-19）的。

图 2-19　火柴人

第三种人物的绘制方法是由戴夫·格雷设计的，称为格雷法。格雷法的小人和火柴人的区别是多了一个矩形的躯干。直立的躯干表示端庄，有角度的躯干表示活泼。第一步是画出躯干，接下来在躯干的顶端画一条短线表示脖子，在脖子的上方画一个圆或椭圆表示头。第二步是画四肢。腿更容易表示身体的动作，要根据动作在膝盖处弯腿。再加点简单的线段画出脚。画手臂时肘部也要画弯。第三步是画出眼睛、鼻子、嘴巴，用简单线条表示就可以了。你还可以根据自己的喜好修饰一下（见图 2-20）。

图 2-20　格雷法

会意图——找关联，具象化

在画中心图或小图标时，我们会遇到一些抽象概念或想法。如何把这些概念或想法图像化呢？

从汉字的起源来看，我国的象形文字是原始描摹事物的记录方式的一种传承，也是最形象且演变至今保存最完好的一种汉字字体。发明文字的古人用文字的线条或笔画，把要表达事物的外形特征具体地勾画出来（见图 2-21）。

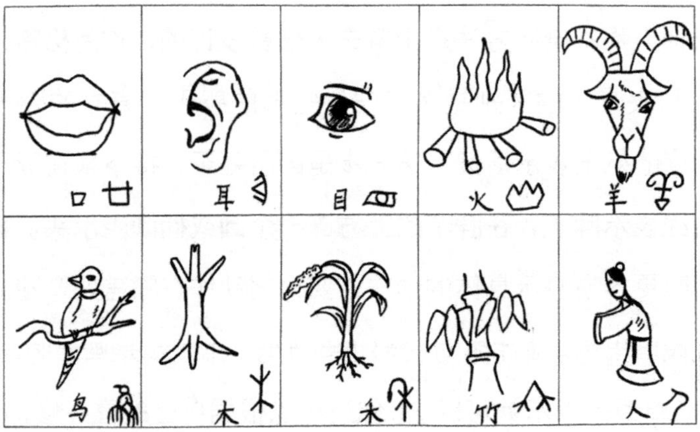

图 2-21　象形文字

会意字是指用两个及两个以上的独体汉字，根据各自的含义所组合成的一个新汉字。例如，休息的“休”，表示一个人靠在树上就是休息；一个女人独自在家，冷清而寂寞，就是寡；同样是房子，放置代表权力的弓箭的地方，就代表官方（见图 2-22）。

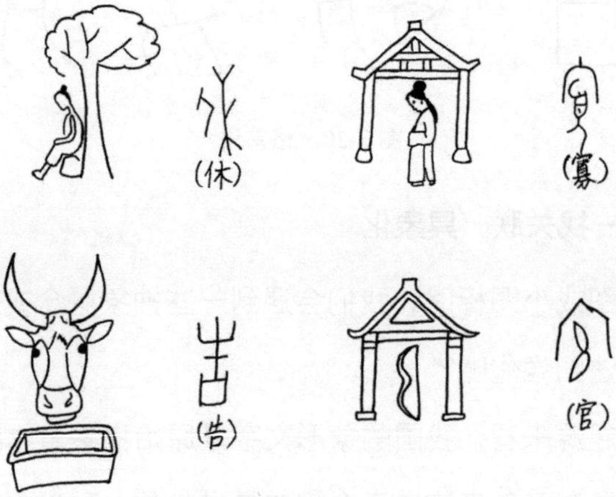

图 2-22　会意字

由汉字的造字法，我们也可以获得一些灵感。从图到字，再从字到图，在文化的传承中获得有意的启示。

把抽象概念或想法图像化，首先要根据概念或想法进行联想。例如“想象”，你由“想象”这个词语想到了什么？这时大脑里冒出来的词语是天马行空、脑洞大开、发明创新、异想天开、白日梦、海市蜃楼、浩渺的宇宙、动画片、科幻片、游戏、《西游记》、《三体》、《盗梦空间》、《我的世界》、机器人、外星人等。

然后看一看你联想到的词语能否图像化。如果可以图像化，就把具体的图像画出来。如果不可以图像化，就结合概念进一步联想，继续把词语具象化。天马行空、脑洞大开、机器人、外星人等都可以用图像来表示。《三体》可以通过画一本书并写上标题来表达。还有一些词语不能具象化，如动画片。那么，接下来就要思考哪些动画片是具有想象力的了，如《哪吒闹海》《大闹天宫》《葫芦娃》《疯狂动物城》《冰雪奇缘》《猫和老鼠》等，选择自己会画的一个图像就可以了。

每个人的大脑都是一个很特别的世界，不同的人会产生不同的图像。让图像发挥功效最基本的也是最重要的一步，是尽可能地选择生活中常见的物品、人物、地点等。

文字图像化

思维导图始于中心图。文字可以精准地表达信息，图像更容易吸引人的注意力。如何才能将文字与图像用有趣的方式结合起来，让思维导图上的信息传递效率加倍？我们可以把一个词语通过增加阴影、色彩，或者有吸引力的外形，让其变得更有立体感，也就是文字图像化。

我们来看一个英文单词——平台 Logo 小蜜蜂的单词“Bee”。我们把这个单词中的“B”变形为一只蜜蜂，把“e”的半圆变为蜂巢的外形，再在上面画上两只小蜜蜂，整个单词便有了生机和活力（见图 2-23）。

图 2-23　文字图像化举例

如图 2-23 所示，我们来看汉语词汇“战争”的图像化，“战”的左半部分就像一个碉堡，巧妙地把“口”换成一颗圆形的炸弹，保持了字形特点。右半部分则是一把枪，这把枪也具有“戈”字的外形特征。“争”字的中间部分借助相近的字形，加入了城墙和枪支等战争因素。

图 2-24 是一篇短文“看云识天气”第一段的思维导图的中心图，采用了文字图像化的方法，将“云”的繁体字下面部分画成朵朵云彩，画出了云的特点，增强了中心图的表现力。

图 2-24　“云”的图像化

文字图像化的常用方法有五种：添加形象、变形处理、背景装饰、立体彩色、抽象替代（见图 2-25）。

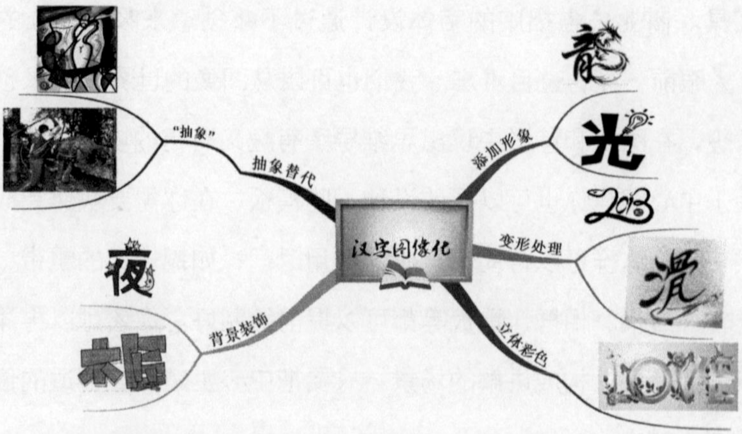

图 2-25　文字图像化的常用方法

第一种是添加形象。根据汉字的意思添加形象，对文字部分和全部进行想象化设计。我们刚才举的例子就是如此。

第二种是对汉字进行变形处理。常见的是对局部进行重叠、连笔等处理。如图 2-25 所示，“滑”字坐个滑板，使线条更流畅，看起来更有味道。

第三种是对汉字表面或背景进行装饰，用纹理增强表现力。图 2-25 中“木匠”这个词的表面就采用了木质纹理，在“夜”字的周围则用表现夜晚的星星和月亮做装饰。

第四种是对汉字进行立体化、彩色化的处理。这里的“LOVE”用粉色的立体字辅之以鲜花做装饰，是不是更温馨、更吸引人的注意呢？

第五种是对抽象文字的替代处理。如图 2-25 中“抽象”这个词，可以联想抽象画，也可以想到一个养大象的人在抽打大象。

文字的视觉化设计是刺激大脑、激发联想、锻炼创造力和想象力的有效工具。商业广告招牌的字体设计通过不断创意来吸引受众的注意力，让人眼前一亮，过目难忘。我们也可以从图像的世界里寻求创意涌现的乐趣，在图像和色彩中玩出思维导图有趣又有用的境界出来。

关于中心图，你也可以提前设计一些模板，在你需要快速完成记录的时候使用，这样可以帮助你有效地利用时间，如蝴蝶结的飘带、对话框、卷轴、画架、相框、黑板等都可以提前绘制好。你还可以再添加一些火柴人、星星人构成讲解的场景。只要把中心主题写在合适的位置即可（见图 2-26）。

图 2-26　中心图设计模板

主干分支图像化

思维导图的主干分支是从中心图发散出来，由粗到细的线条。主干分支上的关键词代表着思维导图中最重要的信息，目的是为了突出信息，吸引大脑和眼球的注意力，增强记忆。我们可以对主干分支进行图案填充，填充的图案要与主干分支上的关键词保持一致。同时，在色彩的选择上，也可以根据信息的性质使用不同的颜色。例如，幸福、浪漫就可以使用红色，填充花朵、心形等图案；环保、希望就可以使用绿色，填充树叶、嫩枝等图案；梦想、宁静可以使用蓝色，填充云朵和简单的线条等图案（见图 2-27）。

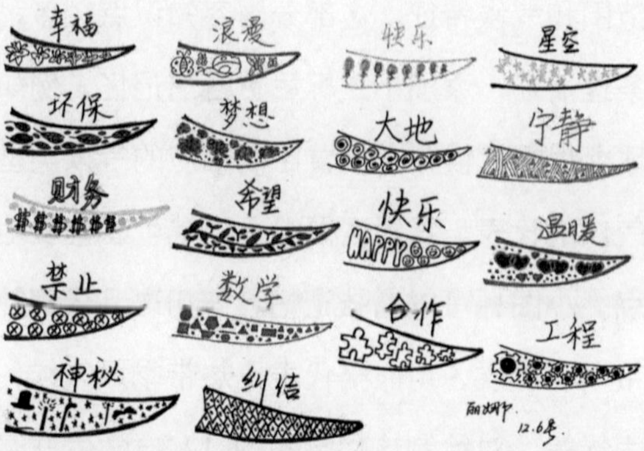

图 2-27　主干分支图像化

此外，你可以根据信息对主干分支进行变形，让主干分支更有创意。要注意的是，这里的创意必须和你要表达的信息相关，如图 2-28 所示。

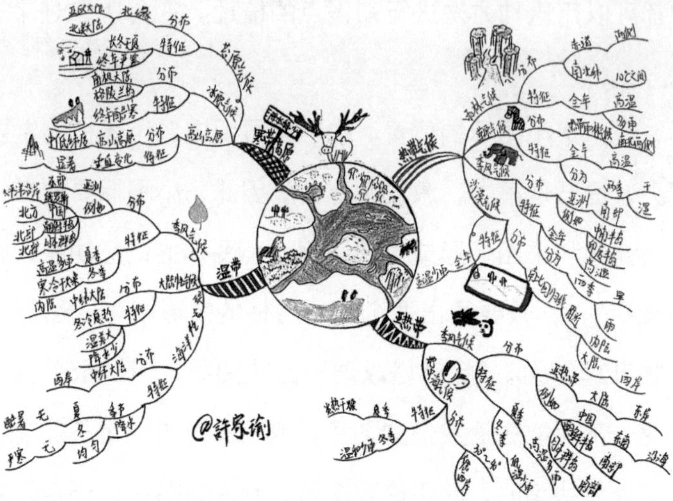

图 2-28　主干分支变形举例

这是七年级《地理》上册第四节“世界主要气候类型”的思维导图。这幅导图是按照课本结构绘制的，主要包括热带气候类型、亚热带气候类型、温带气候类型、寒带气候类型和高山高原气候类型，每部分内容主要包括分布范围和气候特征。这部分内容知识点较多，容易混淆，画成思维导图后条理清晰，添加小图标后更容易记忆。例如，中心图是一个地球，在地球上根据气候分布位置绘制相应的气候类型，站在最上面的驯鹿是苔原气候的代表。看到这幅中心图就可以直观地看到地球各个地区的气候特点。小图标可以增强记忆，如用斑马代表热带草原气候，用大象代表热带季风气候，用熊猫代表亚热带季风气候，用开心果代表亚热带地中海气候等。对绘制这幅导图的 12 岁学生许家瑜说，画完这幅图基本上不需要背诵就已经记住了相关内容。

学完一节课后，要对课本内容进行梳理。这是我们的第二个运用，也是一个基础运用。这个方法适用于所有的文科科目。针对每一节课的内容，你都可以用这种方法进行知识点的梳理。它会让你对课本内容了如指掌。

最后，谈一下小图标的位置。在思维导图中，小图标的主要功能是增强记忆力，提升理解力，激发创造力。因此，小图标要放在关键词的边上，让关键词和小图标形成关联。例如小图标的记忆功能，要记忆词语“觥筹交错”，你只要画出两个酒杯碰杯的情形就可以达到这个目的了。至于提升理解力，“金字塔原理”比较抽象，但画个图就一下子明白了。说明一下，能激活我们的创意，引发灵感的一定不是文字，而是图像。当你毫无头绪时，随手翻翻图册，到大自然中走一走，到街上逛一逛，没准就会有解决问题的思路了。

当我们把小图标当成一粒粒种子播种到我们的大脑中，不断练习的时候，它们也会茁壮成长，终有一天，这些小图标就会长成参天大树，那就是我们自己的图库。只要我们脚踏实地地坚持练习，就会收获精彩纷呈的图库。

授业篇（上）

学习方法升级

练练不忘，必有回响。

——思学口号

第三章

建构知识的大厦和行动的指南

朱文韬

思维导图犹如一把思维的瑞士军刀，当学会了基本的绘制原则和绘制技巧，就可以开启绘制和运用思维导图的旅程了。可是，新的问题是，这把思维的瑞士军刀是用来做什么的？从根本上来说，运用思维导图的终极目标，是帮助我们建构自己知识的摩天大厦，用快速积累的体系化知识帮助我们更有效地思考和行动，由此创造不一样的精彩人生。那么到底什么是知识的建构？为什么要进行知识的建构？我们该如何运用思维导图进行知识大厦的建构和行动方案的设计呢？要回答这些问题，我们要从建构主义基础理论讲起。

知识由主动建构而来

建构主义是一种关于知识和学习的理论，强调学员的主动性，认为学习是学员基于已有的知识和经验生成意义进行建构理解的过程，而这一过程常常是在社会文化互动中完成的。建构主义理论的最早提出者是瑞士的让·皮亚杰（J. Piaget，1966），他是认知发展领域最有影响的一位心理学家。

建构主义学习法的核心

皮亚杰认为，建构主义学习是一个同化、顺应和平衡的过程。所谓同化，就是新知识纳入头脑，成为自己知识体系的一部分，也就是将新的信息或知识与自己已有的知识进行关联的过程；所谓顺应，就是外部环境的变化引起认知结构的改变，从而重组知识的过程，如时代的不同、信息的改变、交流方式的改变等都有可能引起认知结构的改变；所谓平衡，就是个体通过不断地同化与顺应两种方式，来达到自身与客观环境的平衡。这三个过程相互影响，同时相互关联。

建构主义学习法的核心包括两点：一是建构知识的过程，二是强调学习的主动性。

1. 建构知识的过程

首先，建构主义强调对新信息意义的建构。建构主义认为，对新知识的理解是通过运用已有的经验，超越所提供的信息而建构成的，这是“学”的过程。结合思维导图的认识过程来说，从最初对思维导图的 0 认识，到慢慢了解它的含义、用途，这就是从 0 到 1 的过程。

其次，建构主义强调对已有经验的改造和重建，也就是说，对现有记忆系统中提取的信息本身也要进行改造和重组，并应用于实践，这是“习”的过程。从思维导图学习角度来理解，随着更深入地了解和不断地强化练习，我们发现思维导图不仅可以画出一篇文章、一本书的主要内容，也可以将其转变成自己的思维成果。这样在原有 1 的基础上变成了 2，3，…，n。通过从 0 到 1，再从 1 到 n 的两个环节，我们对思维导图的知识体系就建构出来了，我们的认识也随之升级了。

2. 强调学习的主动性

首先是个体的主动性。传统的教学模式的主体是以教为主、以学为辅。而建构主义的教学模式认为，应该转变为以学为主、以教为辅，提倡在老师的指导下，以学员为中心的学习，强调学员的认知主体作用，同时不忽视老师的指导作用。学员是信息加工的主体，是意义的主动建构者，而不是外部刺激信息的被动接受者。建构主义的教学模式强调学员对知识的主动探索、主动发现和对所学知识意义的主动建构。

其次是知识体系建构的主动性。建构主义认为，事物的感觉刺激（信息）本身没有意义，意义是由人建构的。对事物的理解不仅取决于事物本身，同样取决于学员原来的知识经验背景，是学员在新旧知识经验间反复的、双向的相互作用过程中，以自己已有的知识体系为基础对新信息进行编码，建构自己理解的过程。旧知识会因为新知识的加入而发生调整和改变，所以学习并不是简单知识点或信息的积累，而是由新旧知识信息的冲突引发的观念转变和结构重组。

建构学习过程的特征

建构主义认为，知识并不是对现实世界的准确表征。它只是一种解释、一种假设，它并不是问题的最终答案。相反地，它会随着人类的进步而不断地被“革命”掉，并随之出现新的假设，而且知识并不能精确地概括世界的法则，在具体问题中，需要针对具体情境进行再创造，这就是建构的意义。

通过以上的解析发现，建构主义学习的过程有主动性、社会性和情境性三个重要特性。

- 主动性。不管是从主观还是客观角度来讲，主动建构知识都是最有效的学习方法。因此，孩子学习的主动性是家长最希望孩子具备的一个素养。
- 社会性。知识的接收和建构一定是在社会文化的互动中完成的。例如，东西方的价值观不一样，思考问题和解决问题的方式就不同。
- 情境性。学习效率是受情境因素影响的，把学员放在一个有学习基础的情境中，如真实的情境体验、可见可触摸的认知模型等，他们会形成良性的互动，学习效率会更高。

建构主义认为，知识不是通过老师传授得到，而是学员在一定的情境即社会文化背景下，借助其他人（老师和学习伙伴）的帮助，利用必要的学习资料，通过意义建构的方式而获得的。由于学习是通过人与人之间的协作活动而实现的意义建构过程，因此建构主义学习理论认为情境、协作、会话和意义建构是学习环境中的四大要素。

- 情境。学习环境中的情境必须有利于学员对所学内容的意义建构。
- 协作。协作发生在学习过程的始终，对学习资料的收集与分析、假设的提出与验证、学习成果的评价直至意义的最终建构均有重要作用。

- 会话。协作过程中不可缺少的环节。学习群体成员之间必须通过会话商讨如何完成规定的学习计划，每个学员的思维成果（智慧）为整个学习群体所共享，因此会话是达到意义建构的重要手段之一。
- 意义建构。整个学习过程的最终目标。所要建构的意义，是指事物的性质、规律以及事物之间的内在联系。在学习过程中帮助学员建构意义就是要帮助学员对当前学习内容所反映的事物的性质、规律以及该事物与其他事物之间的内在联系达到较深刻的理解。

通过所述“学习”的含义可知，学习的质量是学员建构意义能力的函数，即获得知识的多少取决于学员根据自身经验去建构有关知识意义的能力。

思维导图是建构知识体系的有效工具

丹尼尔·平克的畅销书《全新思维》说：传统的专业性人才终将被时代抛弃，未来掌握时代的是拥有右脑能力的人才。对于想赢在未来的人来说，思维导图无疑是强有力的学习工具。用思维导图进行建构学习会使我们的知识形成立体化、网络化的系统结构，不仅可以帮助使用者赢得高分，更能为其驰骋职场打下良好的基础。

这个世界永远不变的主题就是永远在变！我们处于一个科技文化迅

速迭代的多元立体交互的时代，适应这样的变化需要不断提升自己的综合素质，相应的知识体系必须动态建构形成。很多人觉得互联网时代更多的是碎片化的时间和碎片化的信息，学习也可以碎片化。殊不知，只有碎片化学习，没有系统化思考和整理，即使涉猎了再多信息，也只是一盘散沙。所以，把信息进行结构化整理，建构自己的信息高速网络，需运用思维导图的思考模式和方法进行绘制。

学习离不开“道、术、器、用”，系统学习是“道”，建构学习是“术”，思维导图就是其中的一个利“器”，实践应用是“用”。所以本章的“术”“器”结合，就是让我们对于思维导图的学习和练习，由学海无涯“苦”作舟，转化为学海无涯“巧”作舟。

三步建构知识的摩天大厦和行动蓝图

了解了建构主义学习法即学习的“术”之后，我们来看看学习之“器”——思维导图，如何让我们的学习高效且有意义。

明确目标启动 CPU

有意义的学习强调目标明确，就是要清楚我们到底想学什么，为什么学。这跟史蒂芬·柯维在《高效能人士的七个习惯》中提到的第二个习惯“以终为始”是一致的。只有目标清晰，才会有强烈的动力和饱满的热情，才能做到持之以恒。罗辑思维的主播罗振宇写过一本书，叫作《我懂你的知识焦虑》。这本书的主旨是在知识信息大爆炸的时代，没有一个明确的目标，学得再多也没有力量。所以，我们可以用思维导图做相应的分析，来明晰自己的学习目标。用思维导图做分析的优势在于，可以发散我们的思维，拓展我们的思路，在不断的联想绘制过程中，发现自己的潜在优势和短板，并随时补充而不受先后顺序的限制。

目标这个人生的 CPU 启动后，我们就要开启学习之旅了。网络互联时代的知识量如此丰富，如何才能明确自己真正需要的内容呢？这里借用《聪明人用方格笔记本》一书里的观点，要学会取舍，取舍的关键在于要明确标准和方法。这里有两点建议供参考：一是要根据目标选择方向，选择学习内容；二是要大胆“断舍离”，弱水三千只取一瓢饮。就像打保龄球一样，选取关键球瓶给予一击，就能击倒所有球瓶。说得容易，却不容易做到。做到的关键就要运用秘密武器——思维导图。

思维导图最大的特点就是将知识信息进行全景化呈现。当绘制思维导图的时候，第一步是进行知识的复盘；第二步是将自己已有知识与新知识相关的部分联想后添加，从学习目标出发，就能发现学习的重点。你也许会焦虑，怕漏掉重点，怕舍弃的东西以后会有用。其实，这种焦虑是多余的。互联网时代，信息的获取几乎是无障碍的，漏掉的如果需要，一定可以找回来。如果担心以后有用找不到，非常重要的内容可以选择电子笔记，如印象笔记进行存储。如果现在没用，以后也不一定有用，不是重点的内容，就大胆舍弃。如果说在第二章我们学会的绘制思维导图是 1.0 版本的话，经过以上的建构之后，我们的思维导图就升级到了 2.0 版本！

建构知识的大厦

检验学习是否达到了目的，不是能不能记住，而是能不能运用，也就是说，不仅要记录、整理别人的思想精华，还要通过转换成为自己思想的组成部分，同时形成自己的行动计划。2.0 版本的思维导图就好比我们用自己的思路在打扮“别人家的娃”，而融入了自己的观点、见解、行动计划所绘制出的 3.0 版思维导图，就是“自己家的娃”了。当然，我们还可以提出论点，将思维导图绘制出来，作为沟通展示的素材，甚至成为团队的思考素材或行动的灵感来源，这就是 4.0 版甚至更高版本的思维导图了。这个过程就是运用思维导图编制体系建构升级的过程，也是最关键的一步。

实践检验迭代升级

绘制出来的思维导图，包括知识整理的思维导图、思维发散的思维导图，还有行动计划的思维导图，都需要通过实践的检验并进行迭代升级。正如古人所说：“纸上得来终觉浅，绝知此事要躬行。”行动包括应考、沟通、谈判等方面的现实行为，这不仅是绘制思维导图的目的，也是检验思维导图质量的标准，更是迭代升级思维导图灵感的可靠来源。一幅思维导图的质量如何，不在于思维导图绘制得多精美，而在于是否可以让我们在工作、生活中的行为更有质量和效果。行动时，可以将思维导图的有效部分坚持下去，无效部分删除，同时对新的灵感及时进行记录。如果时间允许，就对思维导图进行迭代升级。这样的行动导向、实践检验和不断迭代下的思维导图建构升级过程，正是我们的思维系统和行为系统进化的过程，也就是自己进步的过程。

从建构学习的三步流程可以看到，思维导图的应用贯穿其中，不仅让我们的学习目标明确，还让我们的学习高效且有意义，让我们的人生更有效率的同时也更有意义。光看不练犹如在岸上学游泳，那是不可能学以致用的。所以需要我们动手去做，绘制出思维导图的同时，也绘制我们更美好的未来！

第四章

思维导图高效阅读

薛丽娜

从一定程度上说，人的阅读能力就是自身学习能力的体现，思维导图阅读法是运用思维导图抓重点和梳理逻辑的系统学习技术。世界上的书籍包罗万象，对于不同的书籍，其实有不同的阅读方法。那么怎样的阅读才高效？如何通过思维导图更好地阅读文章和书籍？如何建构我们自己的大脑图书馆？我们将分三节内容来回答这些问题，打通思维导图阅读关。

阅读的目的与方法

阅读的目的

这是一个信息更新速度日益加快的时代，阅读已成为我们获取知识和信息最重要的方式。约翰·伍德曾说："比你的竞争对手学习快的能力是你赢得未来的唯一竞争优势！”李克强总理连续五年把全民阅读写进政府工作报告，可见阅读的重要性。

什么是阅读？著名教育家叶圣陶对阅读的解释是：阅是目治、心治；读是口治、耳治。眼看，重在思考和理解；口诵，重在感受和体味。二者互有影响，相辅相成。我们可以把“阅读”概括为大脑通过多种感觉器官从外界获取信息，能够理解、领悟，最终实现回忆、交流的过程。

阅读方式有很多，诸葛亮读书强调“观其大略”，陶渊明主张“好读书，不求甚解”，胡适讲究“眼到、口到、心到、手到”，毛泽东推崇“不动笔墨不读书”。哪一种阅读方式更好呢？

运用哪种阅读方式，主要看我们的阅读目的。阅读目的不同，所使用的阅读方式便不同。

如何设定恰当的阅读目的？可以先问自己几个问题：

第一，当你阅读时，先判断一下阅读材料的价值是什么。即我阅读这本书，是为了获得信息还是增进理解？通过阅读技巧和聪明才智可以完全理解的书，也就是毫不费力就可以读明白的书，属于获得信息的书。而阅读时，不容易懂，但读完之后可以增进理解力、获得启发的书，就属于增进理解的书。例如，《正面管教》《快速阅读》《心理咨询》《超级记忆》这些书都属于增进理解的书。

第二，你想要从阅读材料中获得哪些信息，以及学到哪些知识？例如教科书，你是需要记忆大量的细节通过专业考试，还是只需要了解一些信息通过一个简短的测验，或者只是为了自己在需要时能找到具体的信息，以及了解具体程序等。

阅读的层次

确定阅读目的，只需要几秒钟，你就能告诉自己答案。而这几秒钟，却对你价值很大。它关系到阅读方式的选择，以及阅读时间、精力安排等系统化的问题。关于阅读方式，这里参考了《如何阅读一本书》中关于阅读层次与方法的界定，阅读有以下四个层次。

第一个层次是基础阅读，又叫初级阅读。这个层次的阅读基本上是小学阶段完成的。目标是理解一个词语、一句话的含义是什么。基础阅读是在老师的指导下完成的，它又分为四个阶段：第一个阶段是准备阶段，又叫学前教育阶段，从孩子出生到六七岁，为今后的学习做好身体、智力、语言等方面的准备。第二个阶段是简单读物阶段，孩子可以读一些简单的读物，比如绘本，目的是激发孩子的阅读兴趣，发展初级的读写能力。第三个阶段是发展阶段，要学习一些阅读方法，建立词汇基础，在小学四五年级发展功能性读写能力。第四个阶段是逐步成熟阶段，主要是精进和增进技巧，一般小学毕业或初中毕业会达到这个程度，视个人不同的学习情况有所区别。

第二个层次是检视阅读。检视阅读和在书店买书有些相似，要在一定的时间内完成。例如，15 分钟内，读完一本书，了解一本书的类型和框架结构，能够抓住书的重点，然后确定一本书值不值得买。检视阅读的主要方法是略读和粗读。什么是略读？顾名思义，就是粗略地读。先读书名、前言，如果有其他说明也要注意一下。接下来看目录页，了解书的框架结构。还可以看索引，了解议题范围、书籍种类及作者。也要注意出版社，每个出版社都有各种选题标准和读者群体。要重点关注跟自己的阅读主题有相关性的章节，把书快速浏览一遍，了解书的基本脉络。书的最后几页一定要留意，因为很多作者会把最想说的话放在书的末尾。关于粗读，只说两点：第一，通读一遍，读的时候先略去不懂的地方，但要能说出收获。第二，阅读的速度要快。

第三个层次是分析阅读，也就是我们说的精读。这是一种比较复杂、系统，也比较吃力地阅读。分析阅读不限定时间，是在相对充裕的时间里做全盘、精细的阅读。它分为三个阶段：第一个阶段是了解主题。首先确定书的类型，主要有两类，一类是虚构的小说，另一类是传达知识的论说。论说的作品又分为理论性和实用性两大类。理论性的作品解决“是什么”，实用性的作品解决“怎么做”。第二个阶段是诠释一本书的内容，首先诠释关键词，达成共识。然后找出关键句，抓住文章主旨。如何找关键句呢？关键句有时会有下画线，有时会变换字体。位置上可以注意一下前提和结论部分。第三个阶段是评论一本书。当我们去评论一本书时，不要轻易批评，也不要争强好胜，要明确区分知识和个人观点。

第四个层次是主题阅读，又叫比较阅读。这是最高层次的阅读，也是最复杂、最系统的阅读。主题阅读其实就是一段时间集中读一个人或某一领域的书。例如，阅读爱德华·德博诺的书，就把他的《水平思考》《六顶思考帽》《我对你错》都找来读，集中精力读，能更加深刻地领会作者或主题的核心理念、有效模型和写作特点。主题阅读可以让我们的大脑在短时间里建立知识相互关联的概念，有助于长期记忆的形成和系统化建构自己的知识体系。

主题阅读的方法

那么，该如何进行主题阅读呢?

第一步是选书。首先明确自己读书的目的，厘清要解决什么样的问题，就能明确自己需要阅读的书籍主题。选书的时候尽量选经典书籍，经典书籍犹如钻石，会历经时间的洗礼而熠熠生辉。就算阅读相同一本书，如《红楼梦》，你在人生的不同阶段阅读都会有不同的理解和收获。选书的时候也可以听取专家的推荐，也可以参考别人的读书评论。需要注意的一点是，不要被出版社和广告商精心设计的广告文案所迷惑。购书时也有一个小窍门，即尽可能买某某人著，而不是某某人编著的书。编著的书多是文摘式的，这样的书营养价值不高。对于一个主题，精心挑选 10 本书就可以了。

第二步是读书。如何读呢? 首先进行检视阅读，进行粗读和略读，厘清章节结构，筛选重要内容。专注于问题解决的部分可以重点关注，确定哪些与主题相关，找到相关章节，舍弃不重要的、不需要的。没必要每本书都从头到尾仔细阅读一遍。著名的二八定律可以用在这里，略读时，只需阅读书里 20%与我们关注主题关系最密切的部分，就可以获得全书 80%最有价值的内容。

图 4-1 是用一幅思维导图来说明如何阅读一本书。

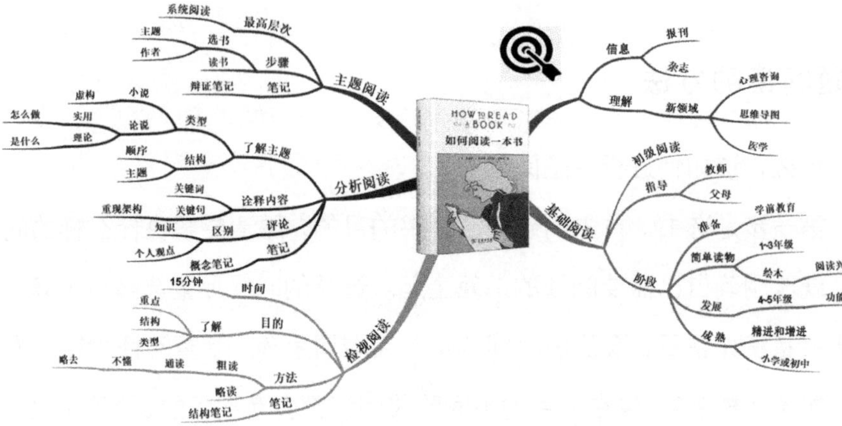

图 4-1　如何阅读一本书的思维导图

如何完善自己的知识结构呢？这就需要丰富对与阅读主题相关的书籍类别的选择面，“跨界”选书是我提倡的。不同类别的经典书籍会给我们不一样的滋养。专业类的书籍是提升知识面的，大约可以占选择书籍的 60%；哲学类的书籍可以提高思考质量，可以占到选择书籍的 20%；生活类的书籍，可以丰富生活的智慧，可以占到选择书籍的 10%；剩下 10%其他类型的书籍可以增长见闻，让我们跟上时代的步伐，避免落伍。

绘制思维导图笔记

认真做笔记是提高阅读效率的诀窍。中国四大书院之一的岳麓书院有一条院训就是“读书必须过笔”。在阅读时，该如何绘制思维导图笔记呢？方法也不难，具体来说就是以下四步。

理解核心思想

理解文章的核心思想是第一步，明确作者的主旨观点，抓住表述的核心内容。要注意的是，思想的表述不一定是直线的，有时是曲线的，有时是螺旋式的，有时是发散后汇聚的，一定要阅读或收听完整，抓住关键要点，做好核心思想提取，为关键词的提取奠定基础和限定范围。

可以用这样的公式来概括：这篇文章讲了什么内容（谁？干什么？结果如何？），表达了什么样的主旨。

厘清结构层次

厘清结构层次的关键是抓段落特点。每个段落都会有自身的特点，或总分或分总，或并列或偏正或递进，不同的段落构成，关键词的位置不同。例如，总分关系的段落，总句就是中心句；因果关系的段落，表结果的句子就是中心句；转折关系的段落，转折部分就是中心句。

筛选关键语句

关键语句往往可以让我们准确快速地提取关键词。例如，文章的开头通常会引出下文或总领全文；结尾的句子经常是概括性的中心句，用来总结全文；中间的段落往往是过渡段，或者引起下文，或者总结上文，或者承上启下。当我们抓住这些句子时，顺藤摸瓜，就能找到关键词。此外，需要留意文章里表达抒情的议论句，这些句子往往是作者有意要强调的内容，关键词就隐于其中。找到关键语句之后通过分析主干，也就是分析句子的主语、谓语、宾语，就能筛选出关键词了。

关注词频词位

词频是指文章中某词重复出现的次数。作者表达主题思想时，会精心选择最能表达思想的词汇，对重要内容或反复强调，或多方论述，或全面介绍。词位是指在文档中某词出现的位置。关键词一般位于标题、摘要、目录、副标题、小标题、绪论、总论、结论等位置。

了解了思维导图笔记绘制的具体步骤之后，接下来我们以“蜜蜂”这篇文章为例，具体讲一讲文章导图的绘制。

蜜　蜂

我是一只小蜜蜂。我们蜜蜂是过群体生活的。在一个蜂群中有三种蜂：一只蜂王，少数雄蜂和几千到几万只工蜂。我就是这千万工蜂之一。

我的母亲就是蜂王，它的身体最大，几乎丧失了飞行能力。这没有关系，它有千千万万个儿女，我们可以供养它，也算尽了孝道吧！在我的家族中，只有蜂王可以产卵，它一昼夜能为我们生下 1.5 万到 2 万个兄弟。蜂王的寿命是 3~5 年，在我们家族中可以称为寿星了。

在蜂群中还有一种蜂叫雄蜂，它和我们大不相同，人高马大，身体粗壮，翅也长。它的责任就是和蜂王交尾。交尾之后，它就一命呜呼了。

家族中数量最多、职责最大的还是我们工蜂。我们是蜂群的主要成员，工作也最繁重：采集花粉、花蜜，酿制我们的“口粮”、哺育我们的弟弟、饲喂我们的母亲、修造我们的房子、保护家园、调节室内温度和湿度……别看这样，我们的身体是非常弱小的，寿命也只有 6 个月，就像天空的流星一样——一闪即逝，仅有一点儿时间去闪耀自己的光辉。

第一步：通读全文，明确主题，画中心图。

当看到一篇文章时，先把文章通读一遍，了解文章的中心主题，厘清核心思想。了解中心主题的一个好办法是看题目，一般情况下，题目会揭示文章要表达的中心。这篇“蜜蜂”比较简单，一目了然。如果读到比较复杂的内容，就需要认真分析。通过分析文章的具体内容，我们观察到这篇文章写的是与蜜蜂相关的内容，就可以绘制中心图了。中心图从哪里来呢?可以选用文章的插图。如果文章的插图不合适，也可以用“百度”搜索一张相关的图片。你只要输入关键词“蜜蜂”，点击“图片”搜索就会有很多图片出现。当然，这里面会包括很多拍摄的蜜蜂照片，因此需要缩小选择范围。可以再输入“简笔画”、“卡通”或者“矢量图”等关键词，就可以更准确地显示出你想要的图片了。如果你觉得画蜜蜂图有困难，那么可以选择对文字进行图像处理的方法，将“蜜蜂”两个字通过添加阴影或者变形，把图像化汉字作为中心图（见图 4-2）。

图 4-2 “蜜蜂”笔记的中心图

第二步：画出关键词，分类梳理，厘清结构。

接下来精读文章，根据理解圈出关键词。关键词圈出来以后就像一堆散乱的树叶，我们要把这些树叶进行归纳和整理，让它们回到最合适的树干和小树枝上去。

这篇文章共四段，是总分结构。第一段概括了蜜蜂是群居生活，由蜂王、雄蜂和工蜂组成。后面三段具体写了蜂王、雄蜂和工蜂。在绘制思维导图笔记时，就可以画出四个分支，概括出四个关键词：群体生活、蜂王、雄蜂、工蜂。接下来再具体看每个段落的内容。我们会发现每个段落都有内在结构。这篇文章在写蜂王、雄蜂、工蜂时都是从三个方面写的。可以概括为哪三个关键词呢？通过分析会发现，每种蜜蜂都是从身体、职责和寿命三个方面写的，这就构成了这幅导图的二级分支。

基本上厘清结构后，我们就厘清了作者的思维脉络。对于中间层级的关键词选择没有对错之分，但有质量的评判标准，中间层级是否为下一层级提供发散空间决定了这个层级选择水平的优劣（见图 4-3）。

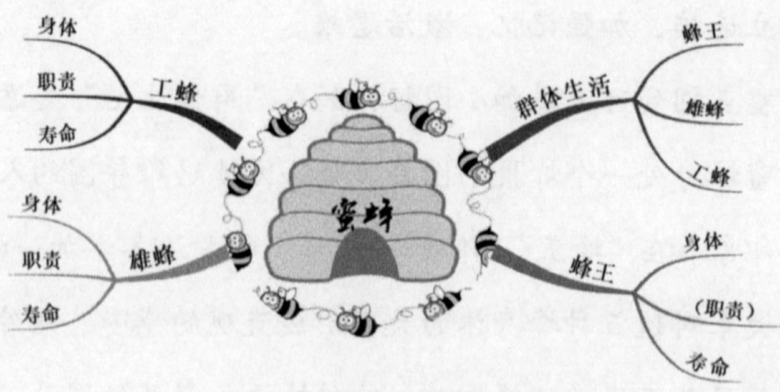

图 4-3　“蜜蜂”笔记的二级分支

第三步：整体布局，画出线条，填写关键词。

绘制导图时，一般先根据内容安排好大致的整体布局，这篇文章共四段，可以画四个分支，左右各两个。如果一个分支内容很多，可以单独放一边，其他三个分支放在另一边，如图 4-4 所示。建议大家边画线条，边写关键词。

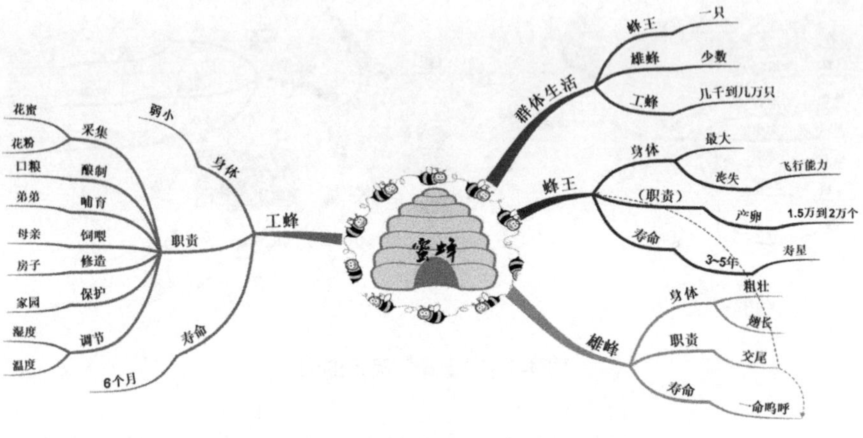

图 4-4　“蜜蜂”笔记的整体布局

第四步：在重点词位置处添加小图标、色彩、代码、箭头等，建立连接，加强记忆，激活思维。

在重点词处可以添加小图标，如在“群体生活”处添加一幅一群蜜蜂身处一个蜂巢的图片，会给阅读思维导图的人留下深刻的印象。在“蜂王”“雄蜂”“工蜂”的旁边各添加一幅图，就会让大家对这三种蜂身体的大小形成直观的感受。此外，给蜂王添加了戴王冠的蜜蜂图片，给雄蜂添加交尾的图片，给工蜂添加采蜜的图片，更能突出三种蜜蜂的特点。最后用线条和箭头连接“交尾 ”和“一命呜呼”，就能厘清二者的关系。加上配图，整段文字条理清晰地呈现在我们面前（见图 4-5）。

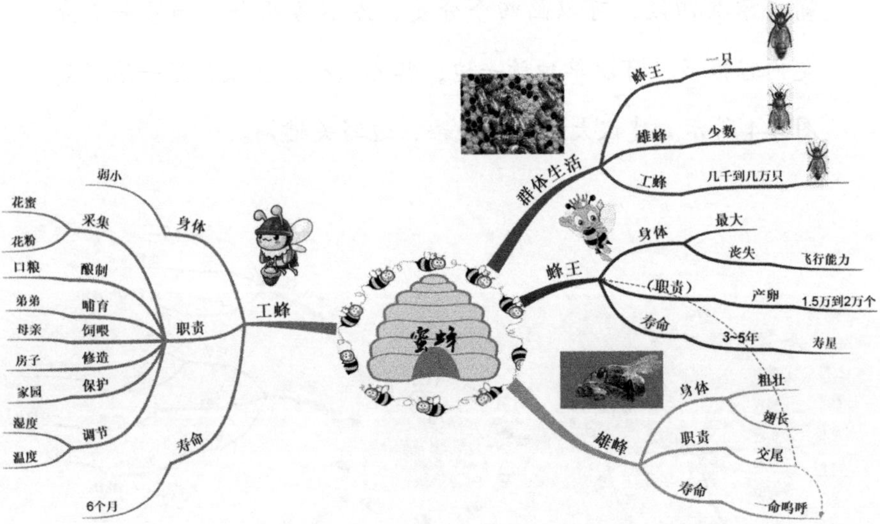

图 4-5 “蜜蜂”笔记的配图

再次回顾图 4-2 到图 4-5 的过程，你试着复述一下。能不能把相关内容复述下来呢？

说明文、议论文、记叙文是现代文的三大文体，如果能够掌握三大文体的关键词提取办法，很多问题将迎刃而解。顺其自然寻找事物的内在规律是解决问题的法宝，其中最经典的故事是庖丁解牛。游刃有余源于庖丁对牛骨骼结构的了如指掌。阅读也是如此，如果对一篇文章的结构和写作特点熟稔于心，较为准确地绘制思维导图就不再是一件难事（见图 4-6）。

第一类文体是说明文。“蜜蜂”就是一篇说明文。说明文是一种给人以知识的文章，通常用来获得信息。这种文章的一个典型特点是在每段文字的开头就会简明扼要地概括本段文字交代的重点。在阅读的时候，可以快速地勾画出关键词，并确定主干分支的分类。确定主干分支后，其他内容添加起来就会变得容易，因为逻辑关系已经厘清了。

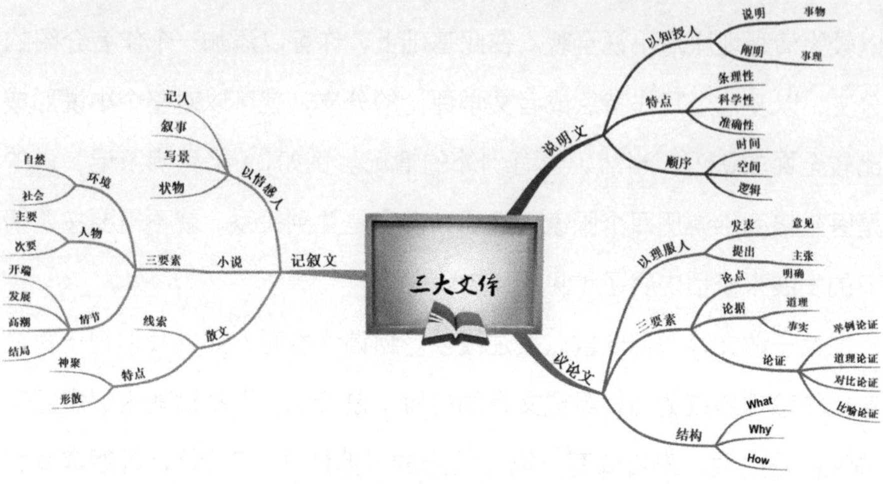

图 4-6 三大文件

第二类文体是议论文，就是用来发表观点和看法的一类文章。议论文有固定的三段式结构：提出问题，分析问题，解决问题。它是用来论述是什么（What）、为什么（Why）、怎么样（How）的文体。主干分支确定后，比较容易梳理内容。

第三类文体是记叙文，主要包括小说和散文，这是我们学习中不太容易掌握的。我们重点来介绍记叙文如何提取关键词以及绘制思维导图。

关于小说，我们可以根据小说的人物、环境、情节三要素来绘制。人物的二级分支可以分为主要人物和次要人物。次要人物是在小说里只充当引出线索作用的人物；三级分支就可以概括人物的性格特点等。环境则包括社会环境和自然环境。社会环境通常是时代的产物，在社会背景下的一些情况，文章有时不会明说，需要你在通读全文或者了解作者写作背景后获得，但对于你整体感知文章内容意义重大。情节可以从开端、发展、高潮、结局四个方面进行概括。通过以上三要素的解读就可以较为清晰地厘清小说全貌。在此基础上，你可以添加一个作者介绍的分支，以及一个写作特点或者文学评论的分支，就可以对整个小说形成比较全面的认识。当然，也有例外的情况。例如，《格列佛游记》讲的是医生格列佛游历四个国家的经历，内容是并列关系，就不需要按照情节的发展来概括内容了（见图 4-7）。

关于散文，我们要重点关注线索。何谓线索呢？如果我们把一篇文章比作珍珠项链的话，组成文章的内容就是珍珠，而把这些内容串起来的线就是线索。朱自清有一篇写父亲的经典散文“背影”，讲述奔丧完毕，父子俩在浦口送别时依依惜别的情景，借以表达父子情深，父亲对儿子关爱的主题。这篇文章就是以背影为线索串起全文的。开头怀念父亲，惦记背影；望父买橘，刻画背影；父子分手，惜别背影；结尾别后思念，再现背影。不看原文只看这个线索，你是否可以大致猜测到作者创作的目的呢？

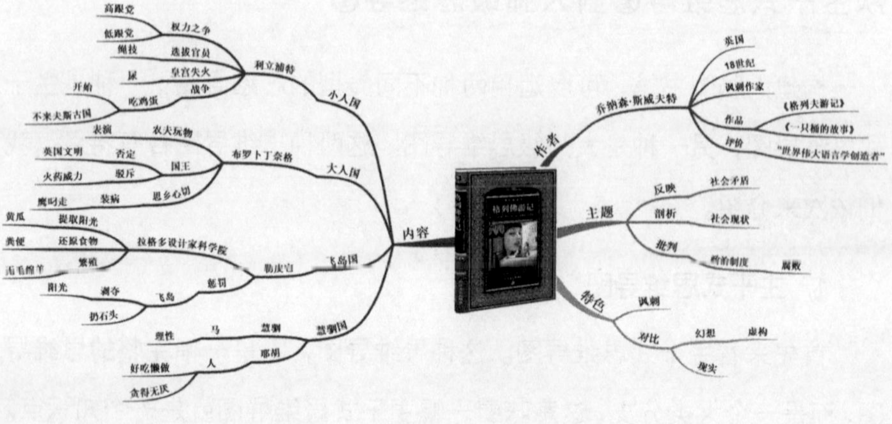

图 4-7　《格列佛游记》思维导图

朱自清的“春”则描绘了我国南方特有的景色，绿草如茵、百花争艳、春风和煦、春雨连绵，春境中的人精神抖擞、辛勤劳作，表达了对春天的赞美。

当我们把思维导图绘制出来时，会惊讶地发现，不仅理解了文章的内容，而且明白了该如何快速整理文章的结构，这对写作也很有帮助。

建构大脑图书馆

每个人的大脑都是一座神奇的城市。在知识经济时代，这座神奇城市里图书馆的规模就成了个人学习能力的表现。建构大脑图书馆的能力就变成我们的核心竞争力。大脑图书馆的规模主要由知识的数量和结构组成。思维导图就像一张三维的网，帮助我们建构知识的严密体系，有效地帮助我们管理知识系统。

从主干式思维导图到大师级思维导图

构建大脑图书馆，可以运用两种不同类型的思维导图：一种是主干式思维导图，另一种是大师级思维导图。这两种思维导图各有特点，我们依次来介绍。

1. 主干式思维导图

首先来看主干式思维导图。这种思维导图，不是一幅完整的思维导图，而是一个大类分支，这意味着一幅主干式思维导图就是一个知识点。其特点是简单快速，方便我们对碎片化时间的利用和灵感的整理。无论你是职场人士还是学生，无论是在开会、培训还是在听课、阅读，都可以利用主干式思维导图完成碎片化内容的梳理。

我们开会、培训、听课时，可以把收集到的重点整理成主干式思维导图，这种思维导图不一定从画中心主题开始，也不一定要把重点写在另一张纸上。你可以把局部的重点信息，通过分类思考，以大类为主干，直接写在笔记本或者书上，做成主干式重点记录。这样就会节约很多时间，可用于课前预习，听课时做课堂笔记，以及课后的复习。

图 4-8 是我在参加“教育改革”培训时做的笔记。老师讲到的“提升学科素养”内容是我特别关注的，我就把老师所讲内容的要点绘制成了思维导图。从这幅简单的思维导图上，我们可以清晰地看到讲解是从现状、新要求和意义三个方面进行的，有问题、有方法，条理清晰。

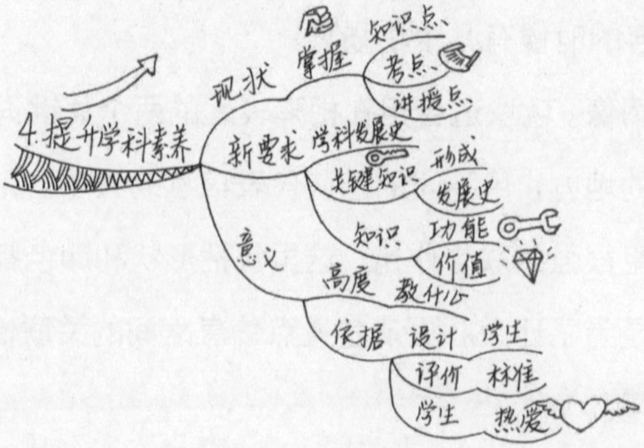

图 4-8　主干式思维导图举例（1）

图 4-9 是一位小学生在语文课本上绘制的主干式思维导图，他在课前预习课文时就随手画在教材的空白处。课文介绍的是彩塑，他首先写了彩塑的数量（2 000 多尊），接下来写了彩塑的内容（神态各异），最后写了人们的评价。数量、内容（神态）和评价就形成了二级分支。彩塑的内容是重点，包括菩萨、天王、力士和卧佛，这就是三级分支的内容。形容菩萨的慈眉善目、形容天王的威风凛凛、形容力士的强壮勇猛就构成了四级分支的内容。这里卧佛是一个重点，具体写了长度、姿势、眼睛和神态。画完后，他对文章有了清晰、准确的理解。老师讲课时他听得轻松，背诵起来也特别快。

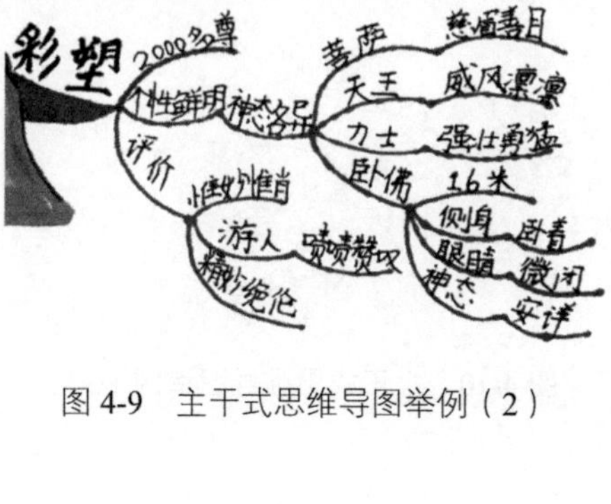

图 4-9　主干式思维导图举例（2）

在整理内容的时候有几个小技巧：

- 色块与图像。色块适合用在相隔较远的两个关键词或位置上不适合拉线的地方，用不同的色块代表信息的关系。完全相同的图像可以产生很强的联想作用，这里包括形状和颜色都完全相同。这个技巧是为了让大脑更清楚重点信息之间的关联性，所以要有选择地运用。
- 括号。发散思考是思维导图重要的思考方法，可以帮助我们产生许多想法。思维导图除了表达发散，还可以表达收敛。如何表示收敛呢？我们可以通过括号表达视觉上的收敛。在内容上表示总结到一起、合并到一起的时候就可以使用大括号。大括号可以换一种颜色，要使用跳色，可以起到提醒的作用。
- 功能性位阶。功能性位阶就是你给词语归了一个类别，加上了归属，使得分类更加合理。在绘制文章阅读的思维导图时就可以这样使用。

图 4-10 是课文“莫高窟”思维导图中的运用。“概况”和“价值”是文章中没有、自己概括的。这两个词语就是功能性位阶，更利于我们理解文章的内容。

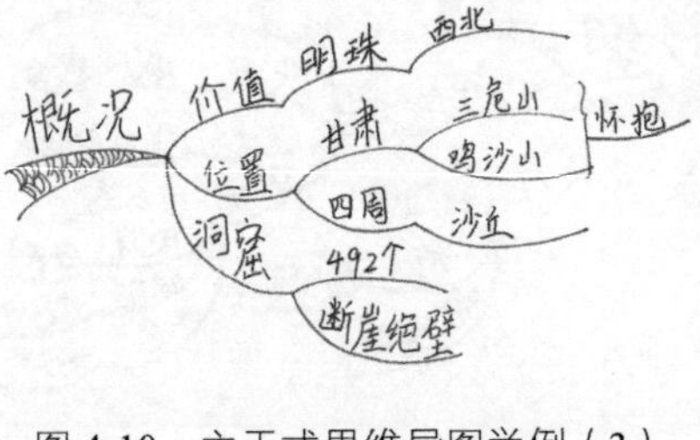

图 4-10　主干式思维导图举例（3）

主干式思维导图的特点有两个：一是小且方便，可以充分利用碎片化的时间和碎片化的纸张、书籍和笔记本的边缘部分，也因为其碎片化，所示修订起来也极其容易。二是碎，缺少全局观、整体性，这也是主干式思维导图的弊端。

正是基于主干式思维导图的弊端，在时间允许的条件下，需要把主干式思维导图升级成大师级思维导图。

2. 大师级思维导图

所谓大师级思维导图，就是一幅完整呈现知识结构，甚至充满艺术美感的思维导图。

在制作大师级思维导图的过程中，需要把主干式思维导图进行优化整合，要根据主干式思维导图的重点内容进行重新升级。这个升级的过程，不是简单地复制思想，而是要根据你的知识结构，理解、解释并进行重新建构，可以用不同的颜色和编码把自己的评论、想法和认识描绘出来（见图 4-11）。

在复盘大师级思维导图时，要恰当地使用连接线，连接线可以打通知识之间的相互关系。我们可以直接将相同的或相关的两个概念用线连接起来，连线中间可以插入文字说明，以说明相连接的两个信息之间的相关性。

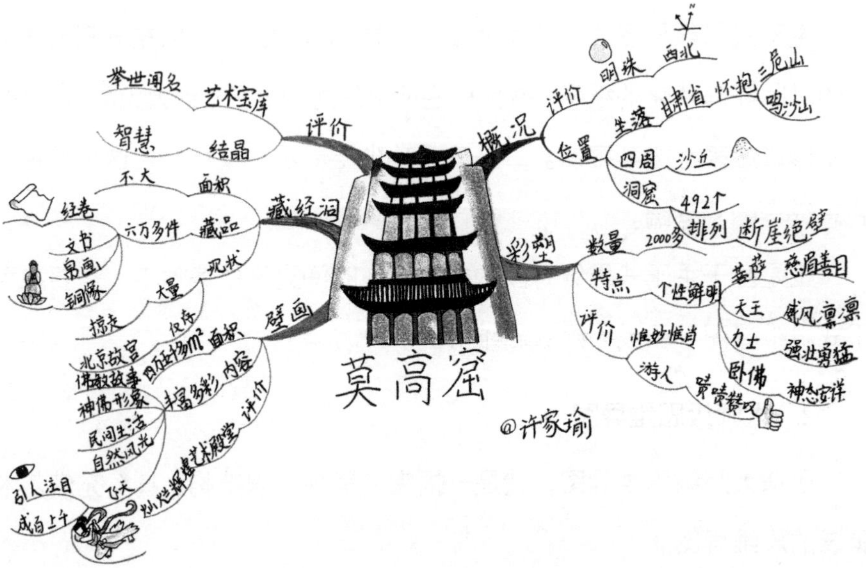

图 4-11　大师级思维导图举例

化书成图

以主干式思维导图为开端，利用碎片化的时间和空间，把重点知识进行梳理，再利用整块的时间进行优化，绘制成大师级思维导图，这是对知识由点到面再到整体的建构思考过程。

有读者曾经提出过关于阅读与绘制思维导图笔记步骤的问题：是边读书边绘制，还是读完整本书再绘制？答案是，这取决于你的阅读目的和书籍类型。如果你准备运用思维导图通关考试，教材的很多知识点都很重要，建议你边阅读边绘制思维导图，可以从主干式思维导图开始，然后整合成大师级思维导图，最后汇总成一本书的思维导图。如果阅读一本价值一般的畅销书，那么你可以根据 40/60 理论，或者 20/80 定律来快速阅读，可以在阅读完整本书后再去绘制思维导图。

结合高效阅读流程，我们来总结化书成图的步骤及时间安排（见图 4-12）。

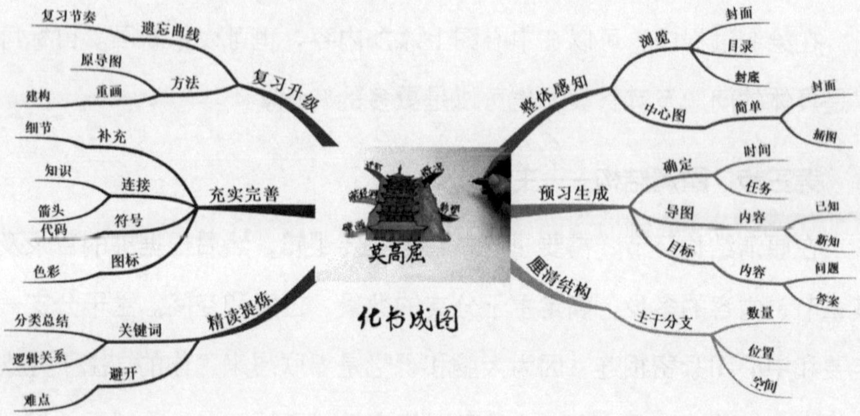

图 4-12　化书成图

第一步　整体感知——绘制中心图（20 分钟）

在整体感知环节，可以浏览书的封面、封底和目录，快速翻阅书的章节内容，对整本书建立整体感知，把握书的知识体系。然后拿出一张 A4 或 A3 纸，根据书的封面及内外插图，在纸的中心画出一个中心图。这是一种最简单有效的方法，省去了思考的时间，也方便回忆内容。

第二步　预习生成——明确时间、目标（10 分钟）

在预习生成环节，关键要明确阅读、绘制的时间，以及确定阅读目标，具体如下。

- 根据阅读目标、内容难度以及具备的知识基础，确定阅读的时间和每个阶段的任务。
- 把与该学科有关的知识用导图画下来，包括平时已学的与这一学科有关的综合知识，也包括浏览本书所获得的新知。

在绘制过程中，可以在中心图上添加内容，也可以重新画。目标可以是具体的问题及其答案，也可以是更多的知识。

第三步　厘清结构——主干分支

在厘清结构环节，需要厘清书籍的主要逻辑，然后根据书的目录及其章节、内容的多少，确定主干分支的数量、位置和空间。主干分支一定要和中心图紧密相连，因为大脑和记忆是靠联想来工作的。主干分支一般有 3~7 个。如果多于 7，就可以把它做成两幅图，也可以再总结提炼，把相近的内容合并到一个分支中。

第四步　精读提炼——找关键词，画导图

在精读提炼环节，需要完成思维导图的主体绘制。在绘制过程中强调一线一词。东尼·博赞先生认为如果不是一线一词，只能称为准思维导图。关键词可以是一个字、一个词，也可以是一个成语。这里要强调的是，关键词必须能激发正确的回忆，激发具体的形象，还要能够总结信息。一线一词将是我们回忆精确信息的激发器。

根据语境和语义对关键词进行分类总结，厘清知识点间的逻辑关系，把它们写在后面各层分支上，搭建本书的知识结构。如果有细节调整，要放到后面。要避免在细节问题上停留太多时间。遇到难点时，先

暂时做出标识，后面再留出时间进行专门处理。

第五步　充实完善——图标色彩

在充实完善环节，补充思维导图的细节信息，并进行修改和完善。充实完善的方法是在重点信息旁边画上小图标，加上色彩、符号等，加深对整本书知识结构的印象和记忆。关于小图标的绘制部分，这里有个建议。我们可以根据思维导图阅读对象的不同，进行相应调整。如果是给自己看的，可以根据自己的需要和喜好绘制。如果是作为交流的目的给别人看的，可以运用象形图取代关键词。如果是表达想法和观念的会意图，建议画在关键词的后面。小图标的绘制技巧是，如果画在重点处，起到标注重点、加强记忆的作用；如果画在难点处，起到帮助理解的作用。

第六步　复习升级

思维导图绘制环节结束后，就把它放在一边不管不问，是达不到高效学习效果的。我们可以根据艾宾浩斯的遗忘曲线规律和东尼·博赞先生的复习节奏进行复习：

- 10 分钟后进行 10 分钟的复习
- 24 小时后进行 2~4 分钟的复习
- 1 周后进行 2 分钟的复习
- 1 个月后进行 2 分钟的复习
- 6 个月后进行 2 分钟的复习
- 1 年后进行 2 分钟的复习

制订复习计划时要遵循“先疏后密”的复习原则。经过不断的复习强化和巩固，信息从此就变成长期记忆并存储起来。如果在复习的过程中产生了新的想法，可以重新绘制思维导图，这是对知识的再次梳理和建构，能够有效帮助你在记忆的同时，产生新的认知和结构，重新升级优化。

第五章

思维导图与超级记忆

朱文韬　何　茂

拥有超群的记忆力是多数学员的梦想，而在现实中记忆力不尽如人意也是很多人的痛点，因此，拥有超群记忆力的天才的故事广为流传，如数学家欧拉、音乐天才莫扎特、神秘色彩笼罩的达·芬奇、变法大家王安石、铁齿铜牙纪晓岚等。这些天才的神奇记忆力一方面让我们羡慕，一方面也让我们感到好奇：他们的记忆力为什么这么好，是天赋异禀还是后天苦练的结果？如果自己记忆力天赋不好，是否意味着在学习上就只能终生痛苦？提高记忆力的法门在哪里呢？要解答关于记忆力的种种疑惑，我们首先需要破除记忆的误区，掌握正确的方法，才能通过科学的训练进入拥有强大记忆力的“窄门”。

破除记忆误区

心态决定状态，让我们先来破冰关于记忆常见的误区，摘下“天生记忆不好”“年龄大了记不住”等负面标签，把自信高高建立起来，才能让记忆力再度奔跑起来。

“天生记忆不好”是错觉

关于记忆力，常见的分类是记性好和记性不好两种。有人说，我怎么就是记不住这些数学公式？但其实他英语学得很好。也许你记不住一些人的手机号码，但是对你很重要的人的手机号码，你根本就忘不了……选择自己感兴趣或认为重要的信息进行记忆，而忘记其他在你的潜意识里不重要的信息，这是人类长期进化过程中自然选择的结果。所以，不是记忆不好，“天生记忆不好”只是错觉，关键是你关注什么，你的潜意识就会努力去记忆什么。对于你不感兴趣或不太关注的内容，你的大脑会有意识地选择性遗忘。

不少朋友曾遇到这样的尴尬事情：刚刚放下的东西，再找就找不到了，如手机、车钥匙或钱包。然后就会说：我的记忆力太糟糕了。为什么会有这样的判断呢？那是因为小的失败概率经常会给一连串的成功笼罩上阴影。人类在情感上都是完美主义者，人的右脑的特点之一就是格式塔风格。例如，经常考第一的学生，偶尔一次哪怕只有一门课考了第二，也会很懊恼！一向滔滔不绝的演讲者，一旦出现一个小的失误，就会产生深深的挫败感。可是这样的小概率事件其实也就只有 5%，何必一定要把目光聚焦在这5%的小概率上，而看不到95%的成功概率呢？其实，记忆力的真相是你的记忆力远比你想象得好！

“年龄大了记不住”是借口

很多人有这样的经历：刚从办公室回到家，发现忘带报告了，就会说“岁月不饶人啊，记忆力越来越差啦”。其实，年龄增大就记不住，这只是不用心的借口而已。类似的情况是，当孩子忘了带作业本去上学，忘了带水杯回家时，他会说：“哎呀，我的记忆力有问题！”这样的认识正确吗？同样也是不用心的借口而已。研究表明，在大脑的功能真正因年老而衰退之前，只要你能调整记忆方法，相信并依赖它，你的记忆力就会得到明显改善。

“记忆会被挤掉”是误解

当正在记忆某些信息，有人来打扰时，我们会说：“别打扰我，否则我记住的东西会被挤掉的。”会这样吗？当然不会！因为大脑的记忆潜力是无穷的，人脑可以储存 1 000 万亿个信息单位，相当于 5 亿本书的知识总量（如果大脑一天存 100 本的话，要存 1 万多年）。即使保持每秒输入 10 个新信息的节奏，一生中持续不断地输入到 100 岁，也不过是 3 亿多个信息单位。这些信息对于庞大的脑容量来说不过是沧海一粟。世界上最有成就的人也仅仅利用了不到 10%的大脑潜能，其余的巨大潜能会被人们闲置终生。所以，记忆力是无限的！

走出这些记忆误区，我们找回了自信，全力投入到记忆力训练中，掌握记忆之术，才能提高记忆力。下面我们来解析记忆密码，打开记忆之门。

解析记忆密码

记忆是思考的基石，是最基本的学习能力，任何高层次的学习及其运用都建立在这个基础之上。东尼·博赞的《超级记忆》一书提出了超级记忆术的四大基础（硬件、软件、两大基石），深刻理解这部分内容，才能拿到记忆之门的钥匙，解开大脑潜力的宝库，进入超级记忆的天地！

大脑是超级记忆硬件

超级记忆的物质基础就是大脑——超级硬件。我们的大脑皮层是由 1 000 多亿个神经元构成的，每个神经元之间通过 2 万多个突触的连接形成了错综复杂的网络，可以想象神经之间的通信是何等的高速畅通。每个神经元在接收成千上万个神经元传来的信息的同时，还要向其他神经元传送信息，神经元之间的联系四通八达、畅通无阻，信息才得以瞬间传遍大脑的每个角落。有了这样一个超级信息通道，人才可以进行思维、感知、记忆等心理活动。因此，从大脑的容量和信息的接收传送通道上讲，超级记忆是可行的。

记忆的基本法则是装入记忆软件

在大脑这个超级硬件基础上，我们需要装入记忆软件。所谓记忆软件，就是记忆的编码规则，这些软件应该遵循的规则就是记忆的基本法则。掌握这个法则，就可以提高记忆效率。记忆效率的提高首先体现在接收信息的过程中，即“学习中的记忆”，也体现在接收信息完成之后，即“学习后的记忆”。

学习中的记忆会随着时间的推移呈节奏性变化，所以短暂合理的休息会对学习和记忆过程产生重要的积极影响。艾宾浩斯遗忘曲线提示我们要把握记忆的节奏，20~50 分钟间歇一次，间歇时间不应长于 2~10 分钟，这样可以让理解和回忆达到最优化。

学习后的记忆其实就是复习。再强大的超级记忆大师，没有复习，他所强行记下的信息也是短期记忆，不能长期在大脑中保存下去。复习是长期记忆的必经之路。按照艾宾浩斯遗忘曲线揭示的规律，我们记忆的信息时间间隔越久遗留下来的就越少。复习的窍门就是：间隔式复习的收益比当天连续背诵同一个信息收益更高。例如，你今天背诵过的单词复习 4 遍的效率会低于你今天复习 2 遍加上明天再复习 2 遍的效率。科学的复习流程是先复习难度系数较大的内容，再复习难度系数较小的内容。通过间隔时间段，当天复习 1~2 次所记忆的信息，然后第 2~3 天内复习 1 次，一个星期内复习 1 次，一个月内复习 1~2 次，这样的记忆效果是最好的。

联想与想象是记忆基石

机器有了硬件和软件，接下来就是机器的启动，这时候联想和想象就是机器启动超级记忆的按钮或钥匙。换句话说，记忆的两大基石是联想和想象。

1. 联想

联想是大脑从一个事物想到另一个事物的心理活动过程，是由两个或几个刺激物同时或连续地发生作用而产生的暂时神经联系。例如，你闭上眼睛，我说“咖啡”，你会想到什么？你的脑海里浮现的不是“咖啡”这两个字，而是咖啡的颜色、产地、咖啡豆、咖啡机等，似乎闻到了咖啡的味道，感受到了疲倦、失意、悲伤、失恋、兴奋等，这是具体词语的联想。如果我说“讽刺”，你可能会联想到鲁迅、周立波、契诃夫（19 世纪末俄国伟大的批判现实主义作家）、果戈里（《钦差大臣》），还能想到漫画、插图等，这是抽象词汇的联想。

联想与超级记忆之间有着非常密切的联系，超级记忆的具体方法几乎没有不用“联想”这一法宝的。所以，如果你想记住某件事，只要把它与某些已知的、确定的事项进行联系，即联想，再全面启动想象力就可以了。

2. 想象

我们再来认识想象（想象力）又是怎么对记忆起作用的。西方创造力研究学者弗兰克·巴伦认为，想象力是那么有魅力，它有一种神奇的力量，能让人们的世界变得有序而愉悦。在人类所有的能力中，想象力是最宝贵的。科学家发现，人的想象力与 θ 波有直接正向关联的关系。θ 波直接关联脑部边缘系统，对于激发想象力、触发深层记忆、强化长期记忆（LTP）等帮助极大，所以在科学界，称 θ 波为“通往记忆与学习的闸门”。

一般情况下，孩子的想象力是优于大人的，因为孩子的大脑处于 θ 波状态的时候比较多，所以想象力更加丰富，每天都会产生很多奇怪的想法，对生活中的事物充满兴趣。对于孩子来说，想象和现实之间的界限更模糊，所以孩子会把玩具想象成真实的伙伴，对它们充满感情。成年以后想象力被左脑抑制，人们开始对那些没有生命的玩具失去兴趣，被左脑抑制下的右脑也渐渐失去了活力。但是，如果经过科学的训练，大脑的 θ 波会被再次唤醒，想象力就会被激发出来，刺激和使用想象力反过来又会刺激大脑的 θ 波比例，这样就会形成一个良性循环。

此时，我们的记忆机器有了硬件、软件、启动装置，现在它该工作了。其工作过程就是记忆技巧的综合展现过程。《超级记忆》中提出了 12 种记忆技巧，用 12 个字母表示为 SMASHIN’SCOPE，即感官、运动、联想、性、幽默、想象、数字编号、符号、颜色、顺序、积极形象、夸张。不管书中提到的是记忆训练核心体系，还是高级记忆体系和终极记忆术，都要以这 12 种记忆技巧为基础，展开联想和想象的翅膀，才能真正理解和使用记忆术。

超级记忆模型

所谓超级记忆力，简单来说，就是具有较好的联想能力和编码能力，能快速地识记信息，能大量、准确、完整、长久地保留信息，并能快速地再现这些信息。信息有效记忆的关键是找到一条快速输入、安全存储、准确无误地提取大脑输入、存储、输出的模式。因此我们构建了如图 5-1 所示的超级记忆模型。

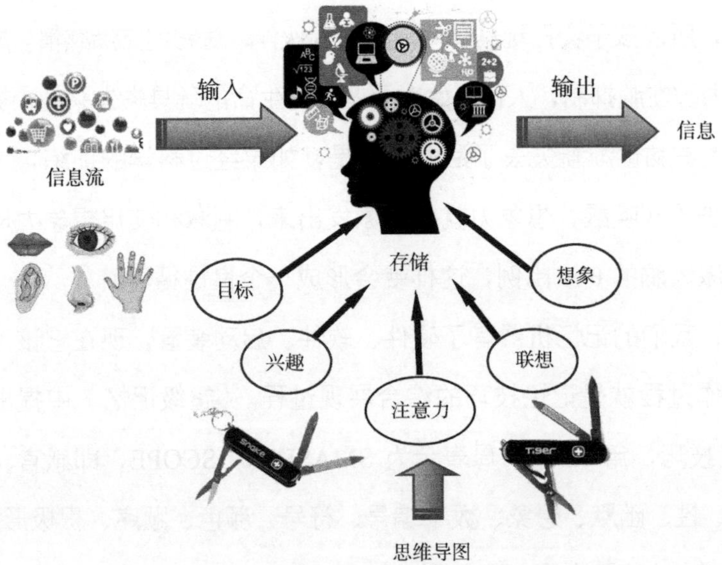

图 5-1　超级记性模型

记忆的输入

信息通过一切可以接收信息的途径，如眼、耳、鼻、舌、身等感觉器官，在接收信息后输入我们的大脑，经过分析，将有用的信息存储下来。

记忆的存储

存储的过程就是记忆中“记”的过程。有效的存储需要明确目标、投入兴趣、集中注意力、充分发挥联想和想象五个条件。在此强调注意力的问题，只有当我们沉浸于所关注的事情时，注意力才会集中，而且这种无意识的集中才是真正的注意力集中，任何有目的的集中不会超过20分钟。也就是说，想学才会真正地集中注意力，被迫情况下集中注意力是不能长久的。12种记忆技巧纳入联想的逻辑框架，为存储信息提供保障。存储的信息在使用时要及时准确地输出，这就是记忆中“忆”的过程。要完成完整的、有效的信息记忆过程需要进行超级记忆训练。

记忆的输出

记忆输出的过程，也就是再认和回忆的过程。再认是过去经历的事物重新出现时，能够被识别和确认的心理过程。回忆是在一定诱因的作用下，过去经历的事物在头脑中的再现过程。例如，在回答老师的提问时，学生要把头脑中所保持的与该问题有关的知识提取出来，这种提取过程就是回忆。

根据有无目的性，回忆可以分为有意回忆和无意回忆两类。有意回忆是在预定目的的作用下对过去经验的回忆，如对考试内容的回忆。无意回忆是没有预定目的，自然而然发生的回忆，如触景生情等。根据有无中介因素参与回忆过程，回忆可以分为直接回忆和间接回忆两类。直接回忆是由当前事物直接唤起的对旧经验的回忆。间接回忆是借助中介因素而进行的回忆。从难度上看，间接回忆比直接回忆难度要大 。

实战思维导图

记忆的方式主要有三种：第一种是机械记忆，即死记硬背，这是最常用也是效率最低的方式；第二种是逻辑记忆，强调记住规律，对于规律性的信息有效，如什么是奇数、什么是偶数等；第三种是图像记忆，这是公认的最快速高效的记忆方式。图像记忆的三大法宝是联想法、编码法和位置法，与此相对应的超级记忆技巧训练也就分为联想法训练、编码法训练和位置法训练。在做记忆技巧训练时，思维导图可以说是超级记忆的利器。现在就介绍思维导图在记忆技巧训练方面的运用。

联想法训练

所谓联想法，是指利用事物间的联系通过联想进行记忆的方法。联想是由当前感知或思考的事物想起有关的另一事物，或者由头脑中想起的一件事物又想到另一件事物。由于客观事物是相互联系的，各种知识也是相互联系的，因此在思维中，联想是一种基本的思维形式，是记忆的一种方法。一般来说，互相接近的事物、相反的事物、相似的事物之间容易产生联想。用联想来增强记忆是一种很常用的方法。记忆的一种主要机能就是在有关经验中建立联系，思维中的联想越活跃，经验的联系就越牢固。

在练习实践中，我们对超级记忆训练的学员做的联想法训练作业进行分析，发现效果非常好。例如，以太阳、星星、向日葵、蒲公英、苹果、小乌龟、猴子、幸福、快乐、孤独等为中心词进行发散联想并绘制思维导图，学员反映这些练习既烧脑又让人脑洞大开。另外，还可以自己命题进行训练，如和孩子一起画思维导图。学员往往惊喜地发现，这不仅是高质量的亲子互动方式，而且对于激发孩子的联想能力的作用相当明显。

除中心词联想练习外，将多个词语编成故事进行记忆并绘制思维导图也是一个非常好的练习方式。例如，记忆以下词语：花园、海滩、兔子、太阳、小草、森林、贝壳、台灯、蚱蜢、电脑、小鸟、玫瑰、房子、波浪、大树、椅子、狐狸、海豚、窗户、蝴蝶。学员把原本不相关的词语转换成一幅幅赏心悦目的作品，所编故事或温馨甜蜜，或勇敢刺激，起到了很好的提升记忆的作用。这样的练习不但能提升记忆力，对应试也是有帮助的。如果时间允许，不妨多做做这样的练习。2017 年的语文高考作文题就是选取两三个关键词，将它们串联起来向外国友人介绍你眼中的中国。可见，思维导图的联想练习不仅能锻炼记忆力，还能提高应考能力。

编码法训练

记忆专家艾瑞克森（1988）提出，要想获得很高的记忆技能，必须满足三个条件：一是意义编码，即信息应该在意义层面上加工，把信息和存储的知识联系起来；二是提取结构，即线索应该与信息一起存储以利于其后的提取；三是加速，即广泛练习以使编码和提取中所涉及的加工过程越来越快，直至达到自动化的程度。

超级记忆力的基础练习包括记忆一副扑克牌、记忆 100 个数字，这些都可用编码法进行记忆。编码法包含谐音法，如字词、数字谐音；形象法，如数字形象挂钩；转码法，是指首先把数字通过特定的规则转化为相应的具体名词，然后再联想为相应的图像的方法，如数字韵律法。

编码法训练有两个步骤：第一步是熟记编码。快速浏览关键词的图像，并大声说出数字和数字图像的关键词，请不要刻意记住（这样可启动右脑），经过多次反复，直到在 50 秒内，脱口说出 00~99 所对应的关键词。第二步是用关键词与要记的事物进行奇幻联想。例如，我们在记忆 36 计时，第九计隔岸观火，9 的编码是“酒”，联想的方法是：我吃着酒，坐在岸边看对岸的篝火晚会。又如，第十计笑里藏刀，10 的编码是“十字架”，联想的方法是：杀手想杀神父，因为有神的保护，不敢明着拿刀，就把刀藏在衣服里，对神父边笑边取刀杀了他。通过这样的编码和联想，就会很容易记住 36 计，而且记忆深刻，正背倒背都不在话下。

编码法需要训练的是，不断熟悉并复习记忆图像、文字及数字代码，积累抽象词语和图像信息互相代替的信息库，精通把任何信息要素进行图像转换的方法。这个过程就像练剑，一开始苦练套路，熟能生巧之后就能形成自然反应了。

位置法训练

位置法也称定桩法。定桩法是把一定秩序的事物引申出来，用作记忆的钩子，并和要记忆的内容建立连接的方法。定桩法的作用相当于在自己的大脑中创建许多分类整理好的记忆文件夹。当需要记忆大量信息，而这些信息又需要快速有条理地提取时，我们就可以运用定桩法，在记忆的时候就把这些信息放到同一类或者一系列记忆文件夹中，非常有规律地放好。

定桩法以记忆宫殿最为常见，它是以荒谬、无意义的动作方式，连接已存在的桩子与你想记住的信息形成生动的影像，影像必须清晰可见且有色彩，关联明确、充满细节，包含听觉及知觉。定桩原则可以总结为 VIA，即生动虚拟（Visualization）、想象（Imagination）、积极动作（Action）。

定桩的步骤是：

- 利用已存在的桩子；
- 把要记忆的事物创造出另一个生动影像；
- 用动作连接这两个影像，而且是以荒谬、无意义的动作方式。

需要注意的是：一是动作要积极主动，用联想和创意把生活中不可能的事变成可能；二是想象越疯狂、越无意义、越有趣、越不合常理，就越好。

一个记忆过很多成语、古诗的人，在记忆信息上有着自然的优势，也就是说，一个人不论用什么记忆方式，记得的东西越多，对他联想和使用记忆宫殿就越有利，就像《圣经》中的马太效应所说的一样，有钱的更有钱，穷的更穷。

需要说明的是，思维导图训练法是表达式学习的一种。当你的大脑在输出的时候，记忆保持率会高于输入。输出是建立在思考的基础上的，而输入是听别人讲述或记录别人讲述的信息，因此在讲课的时候，老师的吸收率必然是高于学生的，因为老师的大脑必须持续地处于高质量输出的状态。同理，绘制思维导图的时候吸收率也会相对更高，因为大脑必须处于输出状态。因此，亲手绘制而不是拿来主义，大脑吸收信息的效率才会更好。但是必须强调，思维导图本身并没有过于神奇的记忆功能，在绘制思维导图之后也要使用记忆技巧去记忆这幅思维导图的所有内容，否则它可能就是一份普通的笔记。思维导图是思考的艺术，可以改变我们空想的习惯，让大脑有依据、有内容地进行高质量的思考，这将有助于我们学习和生活目标的达成。

第六章

思维导图管理时间

潘月月

时间是每个人都必须关注的问题。《论语》中孔子“逝者如斯，不舍昼夜”的感慨，引起我们深深的共鸣。生命的质量本质上是由时间的长度、利用时间的方式以及利用时间的质量决定的。对比我们每天所拥有的时间长度，对更多可支配时间以及更高时间利用效率的迫切需要，二者之间往往呈现出尖锐的矛盾。运用思维导图进行时间管理是解决这一矛盾的好方法。但是，要想真正利用并且管理好时间，认识时间的真谛是第一步。

时间的真谛

我们一起来思考一个问题，看着日历上的日子一天天过去，最符合你心情的话是哪一句呢？

A. 太好了，又是一年新年到，我又年长了一岁

B. 这一年的时间过得真快，我要抓紧时间去完成那些还没有完成的事情

C. 真希望时间可以回到今年的年初

你的答案是哪个选项呢？此时，你是否开始困惑时间到底去了哪里？你是否有这样的感慨：如果在工作安排的开始就能认真该多好！如果在考试前多花时间复习该多好！如果每天早上能早起锻炼身体该多好！但是这些仅仅是假设，因为时间一去不复返，正如歌词所唱的“我的青春小鸟一去不回来”。

人与人的差别

有人称美国已退任的总统奥巴马为仅次于华盛顿和林肯之后最杰出的总统，也是美国历史上第四位获得诺贝尔和平奖的总统，更特殊的是他是黑白混血！

再来看看大家都很熟悉的三位年轻“小鲜肉”，他们唱的《青春修炼手册》更是狠狠火了一把。

不管是奥巴马还是加油男孩都拥有众多粉丝。那问题来了，你和他们有什么共同点？

答案是大家每天都拥有同样的时间。一天 24 小时，一年 365 天，谁也不可能多一秒，谁也不可能少一秒，只是时间对于不同的人有着不同的价值，而不同的人在相同的时间做成了不同的事情，产生了不同的

成就。相同的时间长度，不同的利用效率，这就是人与人之间的差别。

高效不等于时间

什么是真正的高效？原本需要一天完成的工作半天就完成，这是否就是高效？相信多数人会认为，高效就等于短时间能做更多的工作。其实，如果方向错误，一直奔跑在错误的方向上，无论效率如何提升，也只是南辕北辙。所以有一句话叫“方向不对，努力白费”。真正的高效是指在最短的时间里达成我们的目标。高效的定义不是简单的时间利用效率，而是要首先明确目标和标准。要先有目标，再有行动，以终为始才能让我们的工作变得更加快捷。

中国有句老话叫“磨刀不误砍柴工”，前期的任务准备时间可以为后来效率的提升打下良好的基础。在学习思维导图时也是同样的道理。在刚拿起画笔画思维导图时，很多人都感到非常难，画图难，提取关键词难，运用金字塔原理梳理逻辑难，但是经过多次练习并认真改进后，就会感到没有那么难了。

时间管理的僵化、固化、优化

思维导图的绘制是从临摹开始的。开始阶段只能依葫芦画瓢，只要完成，就会有成就感。这个阶段称为僵化阶段。随后开始进行一幅幅思维导图的创作。过了一两个月，我们发现自己不再纠结于绘制技巧，每一幅作品都有了自己的风格，线条已经可以随心而走，在发散和关键词的提取上有所精进，大脑潜能在不断被打开，不断学习和练习的结果是思维导图变成了自己的习惯，这个阶段称为固化阶段。最后是优化阶段，我们需要将思维导图与工作和生活进行连接，不断地去运用，发现其价值，展现其威力，通过一幅幅作品的创作，不断提升自我创新和学习的能力。

这就是知识由僵化、固化到优化的过程，也是通过不断练习熟能生巧的过程，更是我们的口号“练练不忘，必有回响”背后揭示的阶段。

思维导图的学习和练习过程，与时间管理能力的修炼有着相似之处。初入职场时，缺乏经验，面临各种难关，需要我们一点点学习和理解。这个过程虽然花费了很多时间，但是时间利用效率不高，这是时间管理的僵化阶段。走过实习期，我们对企业的文化、产品、工作职能和职责有了初步了解，而对行业的趋势、岗位的晋升要求，以及自己选定的方向，需要花费更多的时间去学习和沉淀，这是时间管理的固化阶段。当我们成了前辈，朝着目标奋力前行时，时间成为我们的朋友，帮助我们练成本领，做出业绩，驶向人生的彼岸，这是时间管理的优化阶段。

“静”时间

每个人都希望自己的时间多一些，甚至认为如果能让时间的脚步停下来，就能够完成更多的工作，实现更多的愿望。而现实中每天时间的长度是不可能改变的，能改变的是我们利用时间以提高工作效率的方法。让时间“静”下来就是其中一种有效的方法。当我们极度专注的时候，感觉时间也似乎静止了！相信你也曾经有过这样的经历，当全神贯注地做某件事情时是感受不到时间流逝的，而且这个时间里所产生的效能是最高的。我们如何才能进入这样的极致专注的“静”时间状态呢？

这里给大家介绍三种方法，可以帮助大家更好地进入专注学习（工作）的状态，从而提高时间的利用效率。

免打扰模式

春节我带儿子去商场玩。在商场卖玩具的门口放着一张桌子，桌子上放着很多乐高积木，孩子们都喜欢坐在那里搭积木。其中一个孩子很认真地搭着积木，然而旁边孩子的奶奶，一会问孩子口渴了吗，一会问要不要把外套穿起来，一会又问要不要去厕所。这样的场景大家见过吗？

每个孩子都有与生俱来的主动探索的意识和专注的能力，他需要专注地从游戏中探究世界。因此家长不仅要关注孩子的身体，更要保护好他们的专注力，给予他们“静”的氛围，不要干扰他的专注状态。

成年人在工作的时候同样需要“静”的氛围。如果总是在办公室里不断救火，哪里需要哪里跑，那么结果一定是真正重要的事情被一再拖延，工作效率很低。相反地，如果给自己“静”的氛围，全神贯注去完成工作，效率和成就感自然倍增。

“静”的环境

有了“静”的氛围，还需要“静”的环境。现在你可以看看自己的办公桌上都摆放了哪些东西。如果想专注地学习，办公桌上尽量避免放置任何可能造成干扰的物品，如玩具等。眼前的东西越少，就越容易专注，越容易静下来。

清空缓存

什么叫清空缓存？很多人的手机运行得越来越慢，因为程序开得太多，或者存储空间已满，所以需要清理手机内存。同理，我们的大脑也需要进行清空缓存。任何人在全神贯注地思考时，都是一件非常费脑子的事情。例如，刚刚完成一个方案，马上开始又要做另一个方案，大脑就会觉得疲惫，没有办法马上从上一个方案中跳出来，所以需要让大脑放松一下，进行清空缓存。清空缓存的方式可以是听音乐、到阳台上看看风景或者喝一杯水。同理，孩子刚刚练完钢琴，马上就被要求去写作业，效果也不好，因为这时他的大脑里可能还回响着钢琴的节奏，没办法马上进入专注的写作业状态。强制他写，也只能是浪费时间和精力。不如先休息一下，把上一个活动的缓存清空，然后再全心投入到下一个环节的学习中，这就是人们常说的劳逸结合。因此，把握好学习和工作的节奏，都要学会及时清空缓存。

无论是学习还是工作，当我们学会让自己处于“免打扰”状态，营造“静”的氛围和环境，同时做好清空缓存的工作，保证每一件事情都能专注地完成时，你的时间利用效率是最高的，也是最能产出学习和工作成果的。

时间存储

记录时间

俗话说，时间就是金钱。增加时间的储备，在有限的时间里完成更多的事情会让我们轻松高效。有效的时间储备可以让我们的学习、娱乐和生活的各种时间自由度更高。那么，时间如何进行储备呢？首先要弄明白时间是如何溜走的。下面做个测试。

某个周末，你拿出纸笔和圆规，用圆规在本子上画出一个有 24 小时刻度的表盘，然后在表盘上写上每小时你完成的事情。不同类型的事情可以用不同的颜色来表示，如学习用蓝色、娱乐用红色、生活用黑色、睡眠用绿色等。

特别提醒：记录的时候要具体化，最好能做到量化。错误的记录方法如“写方案，玩游戏”，正确的记录方法如“完成一篇文章的阅读”，而“阅读××书籍的第 1~100 页”的量化记录方式最好，方便后续对时间进行针对性的分析和管理。

分析时间

记录完一天的 24 小时后，回答下列问题：

- 如果满分是 100 分，你会给自己的这一天打多少分呢？
- 如果这一天可以再过一次，你会计划怎么过呢？

通过表盘可以把你花费时间的情况真实地展示出来，还可以从中发现自己运用时间的状态，即自己在完成事情时，是悠闲的、有条理的，还是慢吞吞、磨洋工、临时抱佛脚的。

不妨先总结一下自己利用时间的方式，再觉察自己利用时间的理想状态。

规划时间

接下来让我们运用思维导图为自己的时间做一次认真的规划，让时间储备变得充裕起来。

第一步：明确目标。在做任何事情之前，都要设想结果或目标，如欢度春节、寒假计划、2018 年总结、阅读计划等。目标就是思维导图的中心主题。

第二步：列举任务并分类。把所有需要完成的事情都先罗列出来，然后进行分类，如可以分为学习、娱乐、生活等。

第三步：事情分解。通过关键词找到完成各项工作的核心要素。例如，学习可以按照学科分类，如语文、数学、英语三个学科。进一步分解每个学科的学习任务。例如，语文是背诵课文、写作文，还是做练习试卷。找到任务的关键词，可以帮助我们更清晰地规划学习细节。

第四步：优先级排序。对任务进行优先级排序是重要的时间管理技巧。一般的分类方式是，A 表示紧急又重要，B 表示重要但不紧急，C 表示紧急不重要，D 表示不紧急不重要。B 类事情是关乎自己未来的目标，是优化时间管理重点关注的任务类别。

完成一次时间规划的思维导图后，我们还可以尝试着用思维导图做月计划、年计划、五年计划以及人生规划等。

当思维导图绘制完成后，可以将其张贴到房间或工位醒目的位置，执行的时候每完成一项任务就在任务旁边进行备注，这样可以让自己和相关人更清晰地掌握计划的执行情况。

时间模板和运用提示

相信很多人都有乘坐绿皮火车的经历，这种绿皮火车的晚点率相当高，而且晚点的时间会不断延长，如 1 小时、2 小时，甚至更晚，原因是晚点的火车必须不断地给正点的火车让道，由此导致晚点时间不断延长。工作和学习也一样。一旦觉得明天再完成任务也不迟，而明天又有明天的任务，这样耽误了的工作和学习就会一直被耽误下去，这些被耽搁的工作和学习就成了停在人生轨道上不能到站的火车。做时间管理的目的就是让自己的任务火车少晚点，让那些已经晚点的任务火车尽可能早到站。时间管理的基本原理是通过任务梳理，找到时间空当，让拖延的事情尽快完成。运用思维导图格式的时间模板是进行有效时间管理的好方法。

时间模板

在此给读者准备了几种进行时间储备的思维导图模板。

按照时间划分的思维导图模板（见图 6-1）

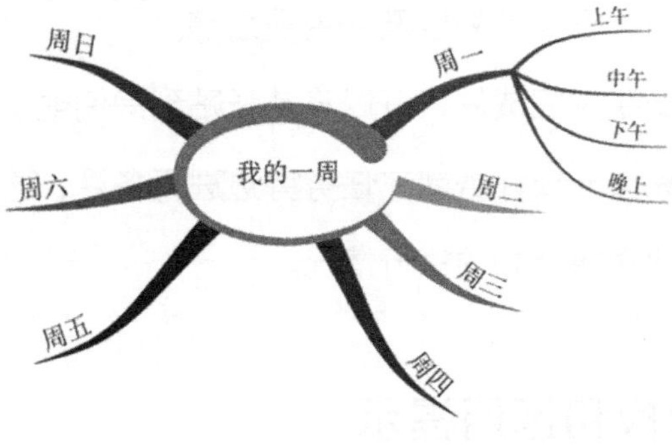

图 6-1　思维导图模板（1）

按照事情划分的思维导图模板（见图 6-2）

图 6-2　思维导图模板（2）

按照四象限法则划分的思维导图模板（见图 6-3）

图 6-3　思维导图模板（3）

以上进行时间储备的三个模板，大家可以根据自己的需求去运用。

模板运用提示

快速规划时间

可以想象，早上急急忙忙跑到办公室，一坐下就看到满桌的资料需要处理，还有会议通知、活动方案、一堆报表需要安排。如何将如此多的任务安排得井井有条？思维导图就是快速帮助我们做好规划的好工具。根据模板，快速完成规划整天工作的思维导图只需要 5 分钟，这 5 分钟却能极大地提高整天的时间利用效率。

跟进任务进度

规划好的思维导图需要有序地跟进。在完成每项任务后，无须涂掉或者画掉，可以找一支彩笔，用钩或叉来标记完成的情况。画满钩或叉的导图，不但是对自己工作的确认，也能让你的同事或者领导直观地了解你的工作情况。我们不仅可以完成一天的规划，还可以做一周、一个月、一年的规划导图，同样可以通过对每周、每月、每年的任务进行标注，及时跟进和总结。

快速调整内容

如果开会时遇到事先没有计划的议程，那么可以在中心图旁边添加一些空白的分支做补充，这样可以帮助你快速地从一个部分跳到另一个部分。记录的时候可以根据个人的习惯参照 5WIH 的方法分类，这样能帮助你很快地厘清工作要点。当然，可能有人要问，开会的时候节奏特别快，没有时间选择那么多彩笔怎么办？在不得已的情况下用单色笔也是可以的。如果可能的话，在会议结束 24 小时内重新绘制一幅思维导图，在优化版本的思维导图上添加颜色和图形，会有效地帮助你进行信息的梳理和记忆。如果在会议中意识到自己漏掉了信息，可以在边上画一个空白的分支，会议结束后它会提醒你补充信息。

最后，用一个顺口溜来总结本章的内容：

凡事明确目标

制订详细计划

分清轻重缓急

借力思维导图

成就时间达人

授业篇（下）

思维导图实战运用

跟着老师学与练，练出人生好手段。

——思学标语

第七章

思维导图文科学习

薛丽娜

思维导图现已广泛运用于学生的学科学习中，有着得天独厚的优势。文科高效学习的三只“拦路虎”：如何快速进行知识的整理和记忆，如何高效答题，如何快速提高写作力。对思维导图的灵活运用可以帮助学生突破文科学习的三大障碍。

知识的整理与重构

初中的文科包括语文、英语、政治、历史。高中的文科多了地理。文科课程有以下两大特点。

第一，知识覆盖面广，跨度大，记忆量大。

例如，语文这门学科的基础知识就包括：①语音、汉字及书法、词语；②句子、标点、修辞等；③文体、文学常识，作家作品（名著）及与之相关的文化知识；④古诗词曲的常识及鉴赏；⑤古文阅读中的常见实词词义的理解（通假字、一词多义、词类活用、古今异义等）、虚词的一般用法、古今不同的特殊句式等。现代文阅读中的词语在文中的含义、关键语句的把握、准确地进行抽象概括、文章结构层次的归纳，以及中心思想和表达技巧的分析等。

再如历史，它的发展顺序是按时间来表示的。学习中要抓住历史发展的某一线索、某一方面、某一专题，把分散于课本各章节的有关内容重新排列组合在一起，形成一个完整的体系，使其更加清楚、鲜明。例如资产阶级革命专题，就可以把所有的资产阶级革命画在一幅导图上，一眼看清楚两种革命方式：一种是自上而下的改革，如英国资产阶级革命、日本资产阶级革命。自上而下的改革具有不彻底性。英国资产阶级革命通过“光荣革命”，保留了君主立宪制；日本资产阶级革命通过“明治维新”，保留了天皇。另一种是自下而上的革命，如法国资产阶级革命、美国资产阶级革命。法国资产阶级革命最彻底，确立了资产阶级共和制；美国资产阶级革命同时又是民族解放战争，建立了总统制的联邦国家。

我们还要将历史学科同政治、语文、地理等学科的学习有机地结合起来，加强渗透，相互迁移，形成知识网络。

第二，知识比较抽象，不容易理解。例如，政治要善于抓住“核心”概念，掌握原理、观点和方法，如阶级、国家、政党、民主几个概念，其核心是“阶级”。要增强运用辩证唯物主义和历史唯物主义基本观点分析和解决历史问题的能力。此外，要学好政治，必须在课堂学习之外，常看报刊，了解时事新闻，对国内外时政具有敏锐的洞察力。

基于文科的这些特点，对于知识的归纳、总结和整理，我们可以在一幅思维导图上看到全局，从而在头脑中形成清晰的脉络。

明确学习目标

我们可以运用思维导图来明确学习目标。图 7-1 是笔者在参加语文培训后对七年级阅读方法教学的梳理。从语文课本上，学生看到的只是一篇一篇零散的文章。对于老师来讲，却需要通过这些文章对学生进行阅读方法的讲授和训练。如何进行系统的训练是很多老师的困惑。从这幅思维导图上你可以发现，七年级学生将系统学习各种阅读方法，朗读和默读是七年级上学期的重点，精读、略读、比较、浏览是七年级下学期的重点。无论是老师还是学生，有了这幅思维导图，就会清晰地知道阅读方法以及训练重点。新教材的实施给老师们指明了方向，一幅思维导图让师生心中有“纲”，清晰具体，目标明确，重点突出。

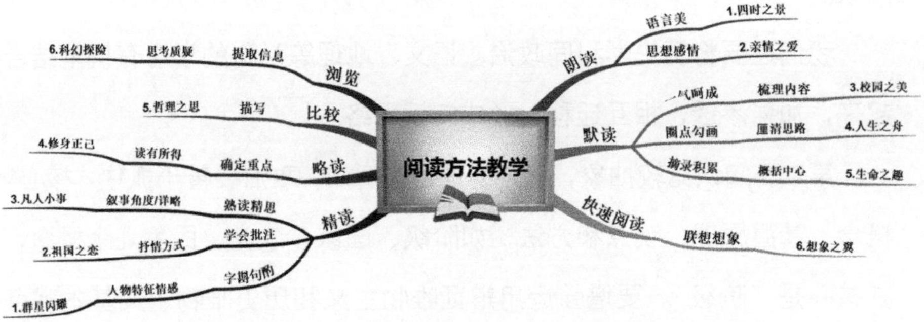

图 7-1　七年级阅读方法教学思维导图

学生可以做什么呢？对于文科，你可以在拿到课本时快速地翻一翻，参考目录，画出一本书的内容结构。这样，你就会对自己一个学期的学习做到胸中有数。用思维导图做学习计划或预习是第一个运用。预习时，你可以把关于这个主题你知道的内容和你了解的内容都画到一幅思维导图上，还可以把你想知道的问题写到思维导图上。这时候的思维导图可以是草图，帮助你看见学习的“过去”“现在”“将来”，也可以看到自己知识的积累过程。

梳理知识点

学完一节课后，对课本知识点进行梳理。这是我们对思维导图的第二个运用，也是一个基础运用。

英语学科

图 7-2 是新课标初中关于“学校”的单词表。我们学习完一个单元后，就可以把相关的单词放在一张纸上，对所有与“学校”相关的词语一览无余，记忆起来也非常容易。用这种方法把学过的单词都梳理完后，你就会发现即使在上学路上，也能够以某个内容，如动物、植物、人的身体等，为关键词把单词关联起来，完成一次复习。可以根据你所学的内容进行分类，如果类太大，还可以继续分类。

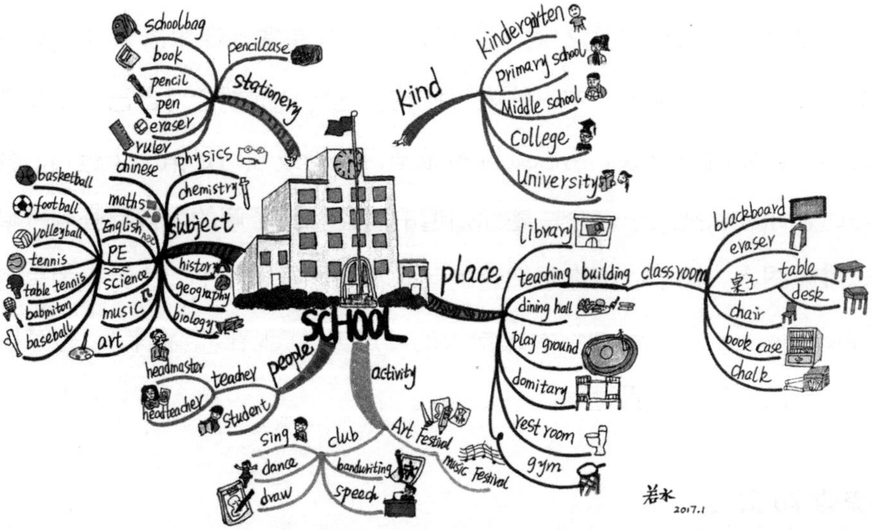

图 7-2　新课标初中关于“学校”的单词表思维导图

这种方法也适用于梳理英语语法。

语文学科

上面这种方法同样适用于语文，如文言文的一词多义。我们经常说“之乎者也”。这个“之”字，在古代有四种用法。第一种是作为动词，意为“到……去”，如沛公引兵之薛。第二种是作为人称代词，意为“他、她、它（们）”，如学而时习之。第三种是作为指示代词，意为“这、此”，如之二虫又何知。第四种是作为助词，有的在主谓之间，取消句子独立性，如予独爱莲之出淤泥而不染；有的在定语和中心语之间，相当于“的”，如忠之属也。我们在复习的时候就可以把“之”字作为中心词，对文章中这个字的用法做一个梳理。

欧阳修有一篇叙事写景的千古名篇“醉翁亭记”。在这篇文章里，他用了 21 个“也”字，25 个“而”字。如果用思维导图对其进行梳理的话，一篇文章学下来，基本上就会明白这两个字的用法，同时会对该文“遣词凝练，语言流畅，音节铿锵，格调清新”的语言特点有深刻理解。

语文的基础知识点之丰富更是犹如繁星，需要我们细细梳理，让它变成一幅幅平面星图，进而形成网状的立体结构。这样对知识进行梳理是在一课内容上进行升级，尽管只是简单梳理，但已经初步建立了系统化思考的框架。

重新建构知识

语文学科

图 7-3 是初中阶段苏教版所有古诗词文言文的归纳整理。对于九年级的学生，可以拿着这幅图去复习，根据自己的背诵情况做出标记，然后进行复习巩固。复习时不需要背着厚厚的六大本书，去翻哪本书有几篇，都是谁的作品。这幅图打乱了课本内容的编排顺序，按照时间顺序，从先秦开始，一直到清朝末年。这幅图除了具体学习的内容，更总结了不同时期古代文学的发展特点。它不是简单地分类，而是有其内在的逻辑性。我们从中能看到春秋战国时期的“百家争鸣、百花齐放”的精彩，也能看到唐诗的繁华，它是中国古代文学最灿烂、最璀璨的一部分。

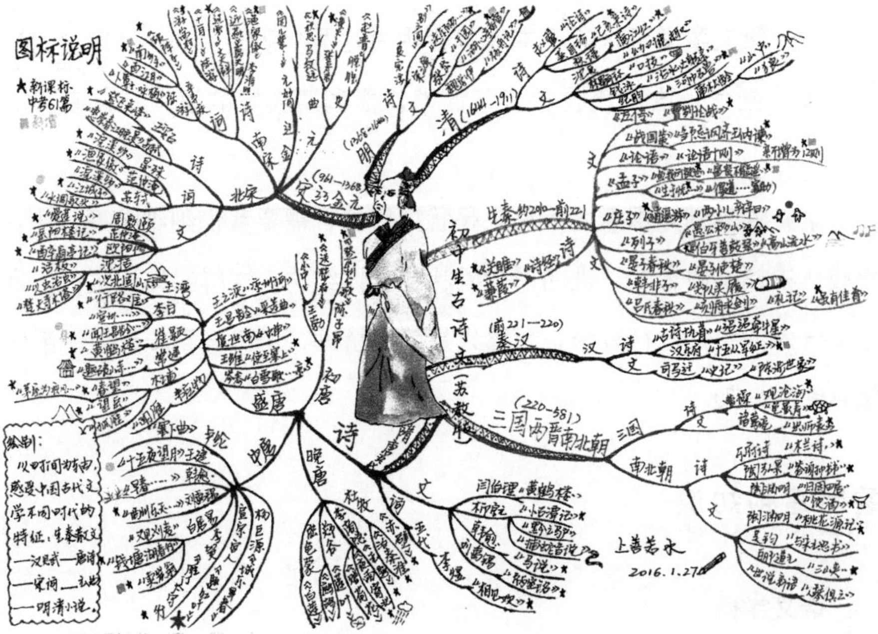

图 7-3　初中生古诗文（苏教版）思维导图

这就是思维导图的妙处，它具有全局性、整体性，让我们能更容易地掌握知识间的相互关系。

重新建构知识系统是思维导图的第三个运用。这是一次运用升级，可以用“融会贯通”这个词语来概括，这也是思维导图绘制的高级阶段。

问题的分析和解答

思维导图在文科知识的归纳、总结和整理方面，具有得天独厚的优势。在问题的分析和解答方面也有着无可比拟的优势，我将其称为“四步法”。接下来，就以语文学科为例，讲解思维导图在问题分析、解答问题和复习应考方面的运用。

整体把握

“考改促课改”，考试改革会促使老师对教学模式和教学内容做出针对性调整，学生的备考方法也应有相应的变化。山西省中考语文改革走在了全国的前列，在此仅以山西省 2017 年中考试题为例进行分析，以达到抛砖引玉的效果（见图 7-4）。

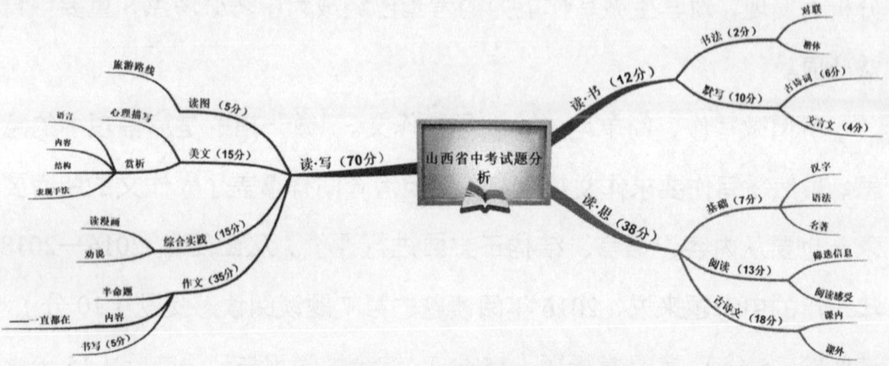

图 7-4　山西省中考试题分析思维导图

通过绘制思维导图，我们发现，整张试卷分为三个部分，第一部分为读·书，分为书法与对联的结合和古诗词的默写，共计 12 分。第二部分是读·思，分为三个部分，共计 38 分。一是基础知识，包括汉字、语法和名著，约 7 分；二是阅读题，分为筛选信息和阅读感受两项内容；三是古诗文选择题，包括课内文言文和课外文言文。第三部分是读·写，共计 70 分，包括读图题、文学鉴赏题、综合实践题和大作文。

问题的分析和解答第一步是整体感知。每一门课的试卷都可以这样分析，不但让学生对试题考点结构有清晰的认识，而且可以帮助学生明确学习目标，从而使学习重点突出，有的放矢，针对性强。

聚焦重点（问题）

我们对试卷做进一步分析后发现，考点大致可以分为三类：基础、阅读、写作。与以往的考法相比，阅读题的考法不再局限于对内容的理解、对写作手法的分析，也不再是单纯的问答方式，而是要求写短文来表达，这意味着微写作成为重点考点。笔者对近几年各省市的中考考卷分析后发现，对学生微写作能力的考查已经成为中考必考点，重要性日益凸显。

所谓微写作，简单地说，就是小作文。“微”指的是篇幅短小的意思。虽然微写作要求作文短小精练，但考查同样覆盖了大作文的所有要求，也要从内容、语言、结构三方面进行评价。从山西省 2016—2018 年三年的中考题来说，2016 年阅读题的第 7 题谈阅读感受题（10 分）、读图题（5 分）、美文赏析题（15 分）、综合性学习与口语交际（15 分），考查微写作能力的分数高达 45 分。2017 年第 7 题谈阅读感受题（10 分）、读图题（6 分）、美文赏析题（15 分）、综合性学习与口语交际（10 分），考查微写作能力的分数为 41 分。2018 年第 7 题谈阅读感受题（13 分）、读图题（6 分）、美文赏析题（15 分）、综合性学习与口语交际（10 分），考查微写作能力的分数为 44 分。如果能够突破微写作，在考试时就能抢占制高点，把握先机。了解微写作能力培养的重要性后，问题也就来了。微写作有什么特点？考试可能会考到哪些内容？又会以什么形式考？带着这些问题，我们运用思维导图对微写作做进一步剖析。

沿着思路来绘制一幅思维导图，微写作就是写小作文（见图 7-5），用简单精练的语言描述场景，如景物描写或场面描写。微写作的特点：

一是结合生活，试题通常会给出一定的情境。二是范围广泛，任何内容都可成为考试内容。三是篇幅短小，通常是80~150字。四是结构完整。五是语言简洁明了。

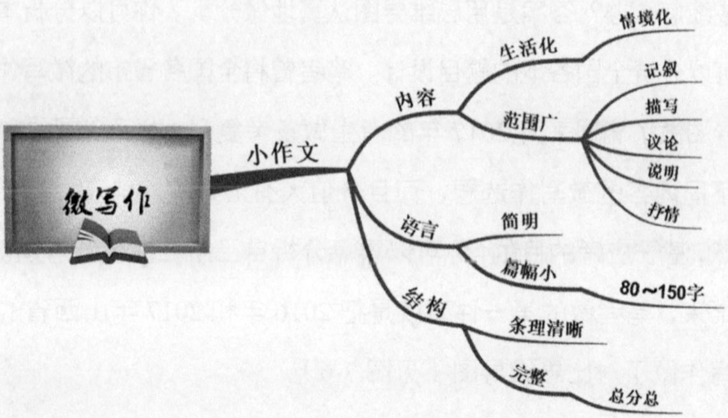

图7-5 微写作

微写作是考查学生语文素养特别好的题型，对应语文学科六种能力层级。

A．识记：识别和记忆。

B．理解：在识记的基础上领会并能做简单解释。

C．分析综合：分解剖析和归纳整理。

D．鉴赏评价：对阅读材料的鉴别、赏析和评说。

E．探究和创新：对某些问题进行探讨，有见解、发现、创新。

F．表达应用：对语文知识和能力的运用，是以识记、理解和分析综合为基础，在表达方面发展了的能力层级。

微写作训练和考查了学生C、D、E、F四方面的能力，持之以恒的练习就会极大地提升学生的语言应用能力。

前面我们已分析过，微写作出题范围广，所有内容都可以作为考点内容。如果时间充裕，还可以随时随地做强化练习。如果时间紧张又想提高考试成绩怎么办？答案是用思维导图认真地做分析。你可以分析本省试题，也可以分析全国各地的题目设计。笔者曾将全国各省市的微写作题目用思维导图做了梳理来为 2017 年的考生做备考复习，发现全国的中考试卷都有不同内容的微写作选题，而且分值大有上升的趋势。

当然，基于应考的目的，你可以重点分析自己所在地区的考题。2017 年中考结束，笔者做的第一件事就是把 2016 年和 2017 年山西省的中考试题微写作做了对比思维导图（见图 7-6）。

图 7-6　对比思维导图

通过分析，发现这两年的试题稳中有变。“稳”在题型一致，都是四个题型：一是谈看法题，二是读图题，三是美文鉴赏题，四是综合性学习题。“变”在具体的题目考查更灵活，表达的要求更细致。例如，谈看法题明确要求观点鲜明，论证需充分，需使用两种论证方法，不少于 150 字。

聚焦重点是，首先你要找到想解决的问题，其次去梳理与这个问题有关的知识点，然后进一步分析考题设计，可以从大的层面分析，如其他省（市）会如何设计这部分考题；也可以缩小范围，思考本地的试题是如何设计的。这样对问题的把握就会更精准。

问题解答

通过分析 2016 年和 2017 年的考题，发现出题范围缩小了，题型主要有谈看法题、读图题、美文鉴赏题和综合性学习题四类，这样就便于我们各个击破。我们以“谈看法”为例，看看思维导图是如何帮你在微写作方面拿满分的。

阅读材料，完成第 6~7 题。

清华大学历史系博士生冯立，是赫赫有名的清华“书神”。

冯立一直保持着这样一个习惯，每读完一百本书，就要写一篇总结性的文章，从一个主题入手，或谈谈读书所得，或谈谈阅读技巧，最后还要为这一百本书评选出一个前十名的最佳榜单。《在千山万水间枕典席文》《经典的力量》《碎片化阅读时代的碎与读》……这些都是冯立写在每一个“百本大关”的感悟和总结。从大一结束时制订读书计划开始，转眼已是历史系博士二年级的他完成了第十七个一百本读书计划，仔细算一下，相当于一年读二百多本书，平均三天读两本。这样的速度，恐怕绝大多数人都是望尘莫及的，更别提长期的坚持了。

在想象中，这样一个读书“大神”不仅是上知天文下知地理的，还有可能有些“呆气”。然而在咖啡馆见面时，他与所有普通的清华同学没有什么太大的区别。蓝色的运动上衣，鼓鼓囊囊的旧书包，梳不平的头发，略微有些胖，笑眯眯的。

当他谈及读书的缘起，也似乎有些普通。只是觉得大学过了一年有些荒废，想看看能读多少本书，没想到大四上学期就提前完成了三年读完三百本书的目标，一读就再也停不下来了。

一开始他按照香港中文大学的大学生必读书单看了几本，很快就发现，人不可能按照书单一本一本为了达到某个目的、刷到某个成就而读书，读书是顺其自然的，一本接一本。如果你对某一本书感兴趣，可以找到相关的书来看，还可以找书中提到过的其他书来看，慢慢地就会形成自己看书的体系，找到自己搜罗好书的方式。

6. 冯立成为“书神”，不仅因为阅读量大，还因为有他自己的读书方法。你对其中哪一条印象最深？请把它写下来。

7. 许多人惊叹于“书神”冯立的阅读速度之快，但也有人对这种阅读速度有不同的看法。请联系下面任意一则或几则链接材料，谈谈你的思考。（不少于 50 字）（10 分）

链接材料：

材料一：读书方法通常有三种：精读、略读、浏览。（略）

材料二：比起读书形式和阅读数量，实在的内容和深入的思考更重要。（略）

材料三：好读书，不求甚解[①]，每有会意，便欣然忘食。（略）

【注释】①不求甚解：读书只领会要旨，不必在一字一句上下功夫。

我们首先了解文本材料。你可以简单画出这篇文章的结构思维导图（见图 7-7）。在绘制思维导图前，先把文章通读一遍，每一段用一个关键词概括。如果几段内容写的是相同的内容，可以合并在同一个分支里。在绘制思维导图的过程中，可以使用原文中的词语，也可以自己概括。

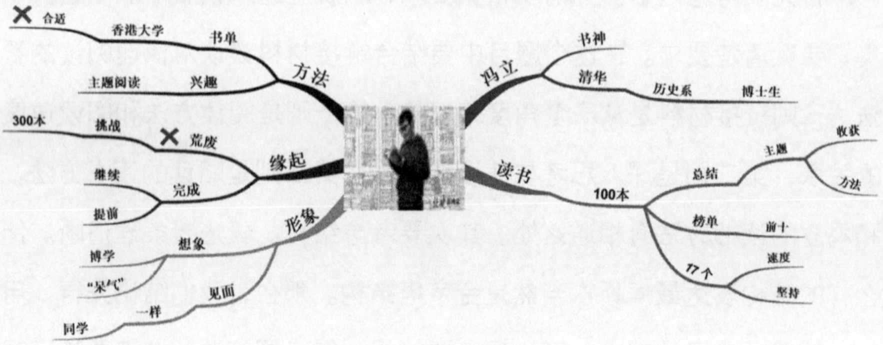

图 7-7　结构思维导图

画出图 7-7 后，第 6 小题的答案浮出水面了，我们可以一眼看出读书方法，文章中第二段和第五段（最后一段）都有谈到。

第 7 小题是谈看法题，要完成这道题目，我们先来想想要从几个方面思考（见图 7-8）。

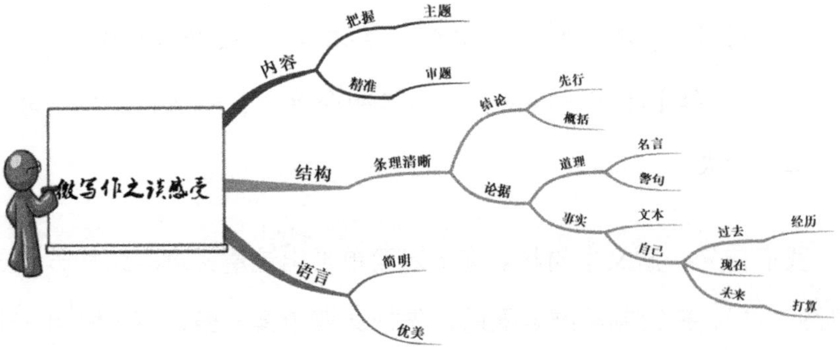

图 7-8　微写作之谈感受

首先要考虑内容。你需要根据要求，围绕主题来谈看法。审题要认真，要看清楚要求。在这个题目中要结合链接材料谈谈对快速阅读的看法。三则链接材料是从三个角度来谈的，第一则是阅读方法和阅读速度的关系；第二则是深入思考与速度的关系；第三则是略读的读书方法，和冯立的读书方法有相通之处。其次要考虑结构。表达要条理清晰。什么样的结构表达最清晰？当然是金字塔结构。那么，我们结论先行，用一句话概括自己的观点，而且观点要鲜明，叙述要简洁。接着要论证观点。按照要求使用两种论证方法，即使用两种论据。第一种是道理论据，可以采用名言警句，也可以引用文中主人公的话。第二种是事实论据，也有两种选择。你要注意，有的题目要求你结合文中的例子，有的题目要求结合链接材料（本文要求结合链接材料），还有的题目要求结合自己。结合自己也有三种情况，一是结合过去的经历，二是结合现在的情况，三是结合未来的打算。最后要考虑议论文的语言。语言要简洁明了。

通过绘制思维导图，我们就可以全面梳理解答问题需要考虑的主要内容结构，然后把结构转换成文字即可。

阅读的速度要因书而异。（结论先行）材料一中三种读书方法适用于不同的书籍。有的书需要精读，比如一些经典著作，需要通过研读内容和进行深入的思考来获得它的精髓。有的书需要略读，知其大意即可，比如报纸杂志。浏览的方法是最快的，一般浏览一本书 15 分钟就够了，这种方法比较适合在书店做是否购买的判断时运用。（链接材料）我在读书的时候会先进行浏览，看看目录、作者、封面、序言，选读一部分，然后决定阅读的方式。如果内容一般，就会采用快速阅读的方法。如果内容非常精彩，就会细细品读、反复阅读。（结合自己，此处可以根据情况省略。）因此可以根据实际情况选择合适的读书速度，学有所得最好。

拓展延伸

阅读材料的微写作我们可以通关，拿到满分。但是纵观全国中考、高考，关于读书的选材，历年来都是热点。我们如何才能应对与读书有关的各种考题呢？

不妨以读书为主题进行思维发散（见图 7-9），我们会发现关于这个主题，内容基本上会集中在为什么读书、读什么书、怎么读这三方面。关于怎么读的内容，除了读书的方法，就是关于读书媒介，是纸质书还是电子书，现在还多了听书和各种阅读器。当大脑把相关的知识系统化时，我们就可以应对与读书有关的各种问题了。

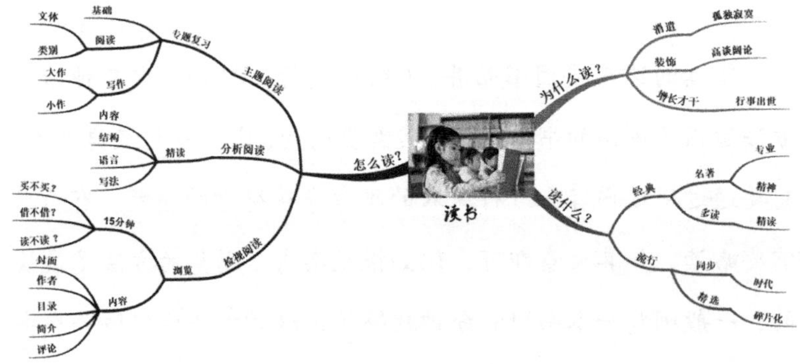

图 7-9　读书思维导图

关于阅读，还有一个考法就是名著推荐。怎么写推荐才能让大家更好地了解这本书呢？答案还是绘制思维导图。首先选定你想分享的书，如《简・爱》(见图 7-10)，然后思考由这本书你会想到什么。作者、主题、主要人物、内容、艺术特色等关键词就从你的脑海中浮现出来了。首先把表示类别的关键词写到一级分支上，其次补充相关细节，最后把绘制出来的思维导图转换成文字。这样的推荐文章条理清晰，重点突出，高分自然不在话下。

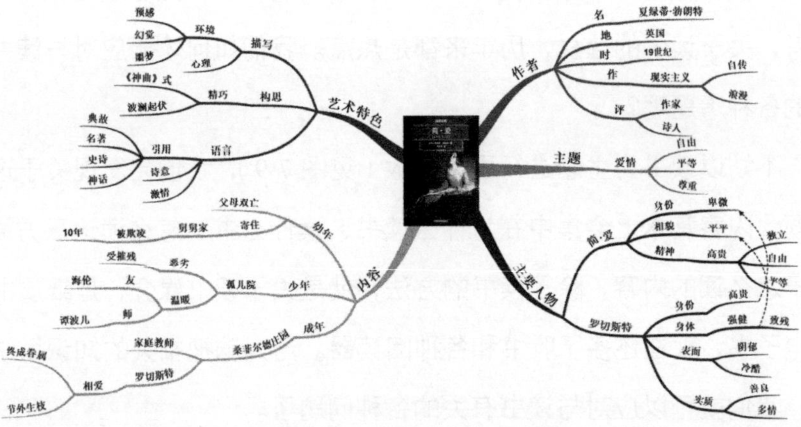

图 7-10 《简・爱》

以上以中考语文微写作为例谈到了问题解答的步骤和方法。语文学科如此，其他文科也是相同的方法和步骤，在此就不赘述，建议你多尝试和总结。

写作不再难

关于好作文的标准，在此从中考和高考两个层面进行解读。

中考作文一般从立意、选材、结构、语言等角度进行评价。一类作文要求做到：内容具体、有真情实感、中心明确；语言生动具体、简洁流畅；结构完整、条理清楚、详略得当。

高考作文的评分标准包括基础等级和发展等级两部分。

基础等级的评分，以题意、内容、语言、文体为重点，全面衡量，具体分为内容等级和表达等级两部分。

内容等级标准：①符合题意——在材料内容及含义涉及范围内选题立意。②中心突出——紧紧围绕主题构思行文。③内容充实——材料丰富，能够充分表现主题。④思想健康——思想倾向积极向上。⑤感情真挚，行文合情入理。

表达等级标准：①符合文体要求——文体特征明显。②结构严谨——首尾呼应，文脉畅通，段落划分恰当，衔接紧凑，过渡自然。③语言流畅——能使用规范的现代汉语写作，用词准确，句与句之间衔接自然，句式选择得当。④字迹工整——书写规范。

发展等级的评分：①深刻——透过现象看本质，揭示事物内在的因果关系，观点具有启发作用。②丰富——材料丰富，论据充足，形象丰满，意境深远。③有文采——用词贴切，句式灵活，善于运用修辞手法，文句有表现力。④有创意——见解新颖，材料新鲜，构思精巧，推理想象有独到之处，有个性特征。

中考作文不设审题障碍，淡化文体要求，鼓励学生写真情、抒实感。“让学生有话可说”是中考写作的宗旨。关注成长历程、贴近生活，关注人生、社会，崇尚美德，体现辩证思维、人文特色。

高考作文则对文体有了具体要求，要文体特征明显。内容的要求也由“具体”变成“充实”。结构从“完整”升级为“严谨”。要获得高分，关注的是发展等级，在深刻、丰富、文采和创意上做足文章。

总体来说，评价一篇作文的优劣考查的是立意、选材、结构、语言四个主要维度。那么，思维导图怎么能帮助我们写好作文呢？

审清题目

写作从审题开始。审题是文章成败的关键，即使你文笔再好，如果审题失误也不可能得高分。审题的具体任务就是通过对作文题目的思考和分析，了解命题者的意图，弄清写作对象、范围和重点，明确立意，并确定文章体裁。

先来看 2017 年山西中考题。

有人说，生活就是一次次的相遇，一场场的离别。其实在成长的路上，总有些东西一直陪伴着你，支撑着你，给你启迪，给你鼓励：也许是一句贴心的话语，一个理解的眼神；也许是一束温暖的阳光，一棵无名的小草……

请以“______一直都在”为题，写一篇不少于 600 字的文章。

写作提示：①将题目补充完整；②除诗歌外，文体不限；③避开真实的人名、地名、校名；④书写规范，卷面整洁。

在审题阶段，可以对题意进行“三堂会审”（见图 7-11）。

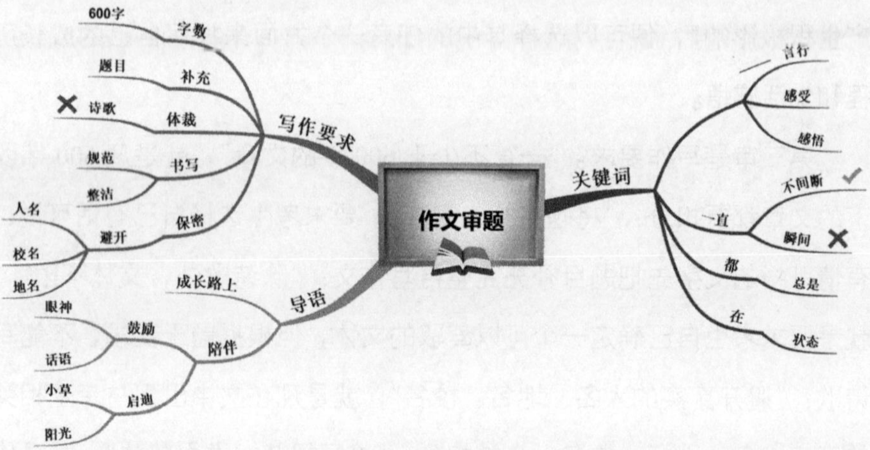

图 7-11　作文审题思维导图

第一审是关键词。题目可以分割为三个关键词：“一直”“都”“在”。“一直”是“表示动作始终不间断或始终不变”的状态。写作的时候要突出“一直”存在的状态，始终不间断，不能只写一瞬间、短暂出现过后再没有出现的事物。“在”的意思是存留于某地点，还表示动作进行的状态。然后构建“一直”“都”“在”的关系。横线上可以填写人物的言行品质，如母亲的期盼、老师的嘱托；也可以填写心灵的感受，如自信、孤独、寂寞等；还可以填写对生活的感悟，如诚信、宽容、正义……总之，横线上要填的词汇在选取上要优先考虑身边最熟悉、最有感触的素材，这样不仅能有话可写，还能写出自己最真实的情感。

第二审是导语。导语是一个长句子，中心是“在成长的路上一直陪伴着你”并且“支撑着你”“给你启迪”“给你鼓励”的一些东西。这就明确了写作的对象产生的作用，有启迪、鼓励等，取材范围相当宽泛。不论是导语中提到的还是自己补上去的内容，只要满足“一直陪伴成长，产生积极影响”，便可以选择其中的任意一个方面来抒写自己的成长历程和生活感悟。

第三审是写作要求。“一篇不少于600字的文章”，就是凡600字以下的文章都要扣分；“将题目补充完整”，要求考生选择自己有话可说、有情可抒的文字先把题目补充完整再写作文；“除诗歌外，文体不限”，就是要求考生自己确定一个可以驾驭的文体，但根据题干要求，不能写诗歌；“避开真实的人名、地名、校名”，就是凡在文中出现与考生相关的真实人名、地名、校名，会被扣分；“书写规范，卷面整洁”，就是作文卷面要字迹工整、清楚整洁。

审题只需几分钟时间，却起着至关重要的作用。每年都会有很多写作水平优秀的考生因为审题失误而得不了高分。写作要求也不能忽视。有一年中考，写作要求是避开前面的阅读材料，有位考生没有注意到这条信息，在文章中谈到了这则材料，最后50分的文章仅仅得了30分。而这位考生的写作能力应该是可以拿到40分以上的。

再来看一道高考题。这是2017年全国卷I：作文题：老外眼中的中国（适用地区：河南、河北、山西、江西、湖北、湖南、广东、安徽、福建）。

22. 阅读下面的材料，根据要求写作。（60 分）

据近期一项对来华留学生的调查，他们较为关注的“中国关键词”有：一带一路、大熊猫、广场舞、中华美食、长城、共享单车、京剧、空气污染、美丽乡村、食品安全、高铁、移动支付。

请从中选择两三个关键词来呈现你所认识的中国，写一篇文章帮助外国青年读懂中国。要求选好关键词，使之形成有机的关联；选好角度，明确文体，自拟标题；不要套作，不得抄袭；不少于 800 字。

12 个“中国关键词”涉及政治、经济、文化、科技、环境等多个领域，每个关键词都是中国的缩影和表征，它们之间存在着丰富的张力和层叠的思辨空间，共同构成了丰富而立体的中国印象（见图 7-12）。

12 个关键词充分体现了关注时政热点的特征，充分引导考生关注并思考现实问题，同时具有国际视野，从国家发展的大局着眼，承担中国公民向外国青年推介中国的责任意识，既弘扬中国传统文化，又展望国家发展的美好前景，同时全面驱动，尊重个性，便于引导独立思考。

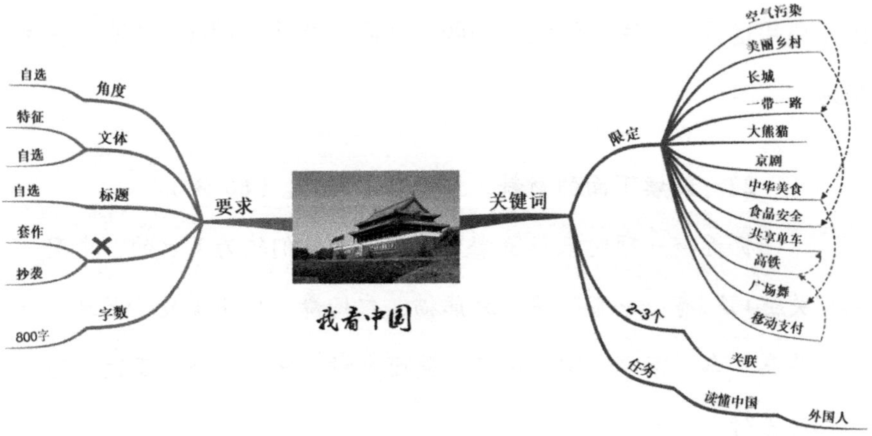

图 7-12　我看中国思维导图

这个作文题，既有“选择两三个关键词”的数量限制，又有“要求选好关键词，使之形成有机关联”的思维驱动。有“呈现你所认识的中国”内容驱动，还有“帮助外国青年读懂中国”的对象限定和目的要求。如何才能让外国青年读懂中国？这里有一个隐性要求，这是个机关，也是个限制，要有良好的“读者意识”，也就是说，你是写给外国青年看的，因此要注意写作的立场和口吻。选择能够切合青年人感兴趣的话题，有一定的高度与深度，同时要注意到东西方文化的差异，用外国青年能够接受的视角来解释中国现实、中国现象。从呈现的语言来看，与外国青年交流要求真诚、幽默、生动的语言风格。要有自己的文化自信，自信自豪地将中国文化及中国的发展历程介绍给五湖四海的朋友。要有开放包容的心态，不拒绝观点相异的发声，不排斥多边的要素。合作共赢，是面向未来世界的必然趋势。

总之，在写作时要能理解熟知两三个关键词，有包括制度、文化、精神、理论、发展、理念等方面的高度自信，以正确的立场和方法审视现实国情与改革发展，正确认识中国特色包括历史文化等，从所知所学所感出发，以感性述说、理性思辨等演说形式向外国朋友介绍中国，展现考生的理想信念、责任意识、精神状态和综合素质等。

选材立意

审清题目之后，有许多人还是无从下笔。如何激发创作灵感？现在以“聆听”为题，做一篇作文的选材立意练习。

当面对题目无从下手的时候，我们可以来一场头脑风暴，让大脑进入自由联想的状态。聆听的对象是什么呢？声音。只有声音才可以聆听。接下来做思维激发，把声音放在中心图的位置。由声音你想到了什么？再来做联想开花，写下每一个闪现的念头，最好把你能够想到与声音有关的关键词都写下来（见图 7-13）。

图 7-13 联想开花

联想开花让你从中心主题出发，进行多角度发散思考。联想接龙就是让思绪延伸，根据想到的内容做进一步的联想（见图 7-14）。无论是联想开花还是联想接龙，不苛求逻辑严密，但也不能过于天马行空。

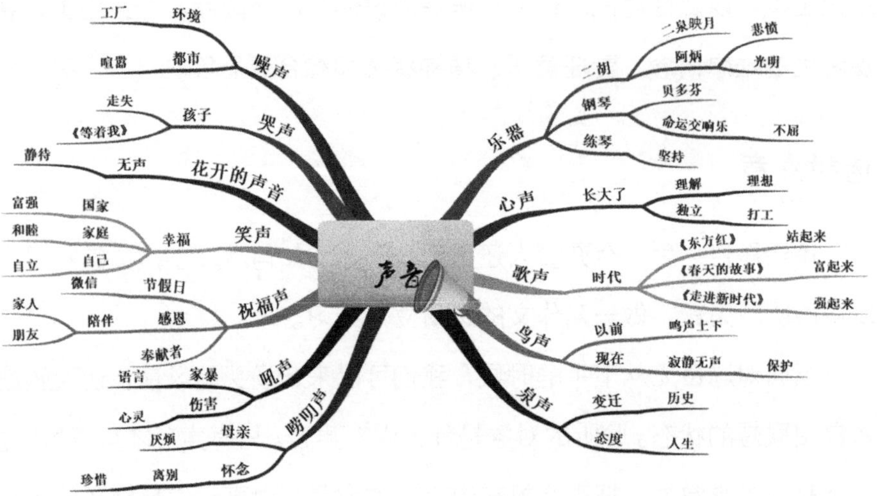

图 7-14　联想接龙

从这些写出的信息中筛选出最能打动自己的内容。筛选时要选视角独特的，如唠叨声里藏着爱，大家都能写出来，却不容易写出彩。可以换个角度，写妈妈如何唠叨，自己如何不耐烦，直到有一天离开后，才发现自己多么怀念妈妈唠叨的日子。

歌声也是一个很好的题材，三首歌曲正好是三个时期的标志。通过《东方红》《春天的故事》《走进新时代》三首歌，将历史联系起来，我们看到了一个国家的发展轨迹，听到了中华民族前进的脚步声。这样的选材会让读者眼前一亮。

还可以从自己的生活中选材，聆听一下自己的心声，渴望独立、渴望理解、渴望有自己的梦想，却不符合父母的期望。喜欢玩某一款游戏，渴望去创作，却不被理解。制作的玩偶被踩在脚下，设计图被撕碎，手机被摔坏，希望父母可以听一听自己的心声，期望父母能理解自己，支持自己为实现梦想而努力。这样的文章是可以写出真情实感的。

通过思维的激发，找到立意的点，即要关注社会热点、心怀天下。具体可以是关注国家发展、环境保护、走失儿童；也可以是贴近生活，走近自我，或者从家庭生活入手。这些都是方便选择的好素材。

接下来，让我们回到2017年的高考题。

作文要求学生从中选择两三个关键词来呈现你所认识的中国。那么你需要先问自己，你所认识的中国是怎样的？你准备选择哪几个关键词来呈现？

“你所认识的中国”，应该是现在的、发展着的中国，这就是在考查学生对现实、时事、民生、国家发展的关注；要求学生把握时代脉搏，突出社会焦点，必须与时俱进，深入了解中国的发展；同时也要跳得出来，拨开迷雾，对发展中的中国有鲜明、清晰、整体的印象。

材料提供了 12 个与中国有关的关键词，勾选两三个熟知的关键词不难，难就难在找准接合点并进行有序的关联。这是限制性任务，也是该作文题目审题立意的关键。从考查“思维品质”这个角度来看，这是本次作文命题最出彩的地方。

我们需要思考，这些关键词涵盖了中国的哪些方面，可以怎么归类。例如，从时间的角度，可分为过去、现在、未来三类；从中国发展影响的角度，可分为正面、负面两类。还是把这个任务交给思维导图吧！这是思维导图的最大优势。

这些关键词有“传统与现代”“城市与乡村”“新与旧”“正面与负面”等多重关系，同时涉及“政治、经济、文化、环境、科技”等方面，这就要运用科学分类的方法找出文章视角主线，并以此厘清文章的主体素材内容。先来看看有哪些分类。

- 表现天人合一、人与自然和谐的关键词：大熊猫和美丽乡村。
- 表现传统文化的关键词：中华美食（舌尖上的中国）、长城和京剧。
- 表现经济发展与存在问题的关键词：一带一路的伟大梦想和空气污染、食品安全。
- 表现古今变化（飞速发展）的关键词：长城和高铁、移动支付。
- 表现物质享受和精神享受两结合的关键词：中华美食和广场舞。
- 表现百姓生活、公共文明的关键词：共享单车和广场舞。
- 表现中国美好发展前景的关键词：美丽乡村、一带一路。

分类之后，就可以综合评估选择写作方向了。

可以写“一带一路+高铁”：高铁是中国近年来基础建设领域的伟大成就，一带一路将带动以高铁为代表的中国制造、技术、产业走向世界。考生可从高铁成就、影响，结合一带一路的重要意义，向外国青年介绍中国制造的辉煌成果及美好前景。

可以写“中华美食+食品安全”：外国人对中华美食存在很多误解和偏见，可向外国青年介绍中华美食的派系，制作工艺，推荐《舌尖上的中国》，消除他们对中国食品安全问题的担忧。

可以写“中华美食+移动支付”：移动互联时代颠覆了计算机时代的生

活方式，创造了新的信息传播模式和商业模式，以前难以想象的事情——不带现金就能买东西，已经成为现实，这是中国技术进步的结果。考生可以从文化交流的角度，介绍中华美食派系及当前美食行业的移动支付情况。

可以写“空气污染+美丽乡村”：向外国青年介绍中国美丽乡村建设情况，考生可以从美丽乡村，并结合建设社会主义新农村的重大历史任务时提出的“生产发展、生活宽裕、乡风文明、村容整洁、管理民主”等具体要求进行展开。

可以写“广场舞+京剧”：京剧是国粹，是传统艺术，拥有广泛受众。广场舞是近年来中国百姓参与度最广的健身项目和娱乐活动，由此可以向外国青年介绍中国人娱乐活动的多样化，雅俗共存，代表了中国人对生活的热爱和美的追求。

结构成文

怎么写？元代文人乔梦符谈到写“乐府”的章法时，提出“凤头”“猪肚”“豹尾”之喻，是解决文章写作的指导思路。

所谓“凤头”，是拿凤的头来比喻文章的开篇。凤头小巧而美丽，以此为喻，是指文章的开头要短小巧妙，出手漂亮，扣紧题意。好的开篇，能够帮助读者快速抓住要领，易于领会全文；或者能够吸引读者，激发兴趣，使之乐于读完全文。好的开篇并没有统一的模式，或排比、或比喻、或渲染，或设置悬念、或点明观点，但一定要切题、开门见山、力求新颖。只有这样，起笔不凡，先声夺人，才犹如漂亮迷人之凤头，引人入胜。

所谓“猪肚”，是饱满的象征，拿来比喻文章的主体部分，是指文章主体内容展开要充实，要采用多种表现手法，使文章主题能得到生动具体的表现。因此文章主体部分可以多用几段，力求言之有物，有血有肉。

学生写作文时的毛病之一就是文章主体部分内容单薄，抽象概括的语句多，结论性的语句多，简单无味，往往缺乏精彩素材的支撑以及有血有肉的具体描写。那么，怎样把文章写得具体呢?

记叙文要围绕中心，突出中心再现具体事实，让事实说话，要写出人物的个性差异，要多角度多侧面地展开记叙，要绘声绘色、绘形绘神。议论文要摆事实、讲道理，论据要充足有力。说明文要抓住事物的特征进行清楚、准确说明，要用多种说明方法，使人有所知。

结尾是作文结构中的最后一环。俗话说“编筐编篓，全靠收口”，行文不能虎头蛇尾，而要精心设计“豹尾”。所谓“豹尾”，比喻文章的结尾要简短有力。文章结尾的方法可以多种多样，或深沉、或直率，或含蓄、或揭穿，或戛然而止、或发人深省。常见的结尾技巧有画龙点睛式、首尾呼应式、抒发情怀式等。

第八章

运用思维导图应对考试

陈小灵

有很多学生问：思维导图能让我考高分吗？当然能！思维导图虽然不是一个万能的解题方法，但它是一种思维工具，一种解放你思维习惯的革命性工具。思维导图的作用更多的不是体现在考场上，而是在平时的学习中。具体来说，思维导图帮助学生提高学习效率的作用体现在做高质量的笔记、更有效地复习，以及考试时更好地分析和答题方面。在你运用思维导图的过程中，它在改变你的思维习惯的同时，也锻炼了你的概括能力、表达能力，使逻辑更清楚、层次更分明、重点更明确。

抄笔记还是做笔记

很多人习惯说抄笔记，就是把课上的重点、板书认认真真地抄下来。我经常听到学生说："我认真听课了，笔记我都抄好了！"笔记抄好了是否就意味着课堂内容都掌握了呢？答案是否定的。做笔记的目的是更好地再现知识结构，帮助我们更有目的地学习，同时更好地呈现我们的思维过程。

笔记的目的是再现知识体系的系统结构

笔记是用来干什么的？仅仅是为了记录重点吗？笔记的目的是再现知识体系的系统结构，是为了运用。如果它不能有效地帮助你再现知识、激发思维，那么再漂亮的笔记都是低效甚至无效的。还有很多学生，上课抄了很多笔记，但是杂乱无章，缺乏清晰的结构，自己阅读时不知所云，复习时也不能帮助记忆；或者上课花了很多时间抄笔记，但事实上并没有真正理解，更别说掌握了。这些不能再现知识体系的系统结构的笔记，不但浪费时间和精力，而且起到的是自我麻痹的负面影响——“我已经很努力地在学习，学习效果不好不能怪我”，没有积极的价值。

做笔记就是要有目的地学习

用思维导图做笔记，中心图是核心，分支是重点，关键词是必须掌握的知识点，能让你在做笔记的过程中自觉地养成归纳、总结重点的习惯。做笔记的过程就是有目的性、有针对性的学习。经年累月的练习后，我们的提炼、概括能力会得到显著提高。因为运用思维导图改变了我们的思维习惯和学习习惯，学习效率的提高自然水到渠成。用思维导图做笔记的过程，就是一边写一边画一边思考的过程，也就是不断磨砺自己的思维能力和学习能力的过程。

思维导图笔记是思维过程的呈现

运用思维导图做学习笔记时，不仅能记录或者整理重点，还能融会贯通，为我所用。一节课、一篇文章、一个单元、一本书，都可以绘制成一幅思维导图，而且仅仅绘制是远远不够的，还要有后期的整理和修改，如 2.0 版、3.0 版……因为每个人的知识水平不同、需求不同，所以每个人绘制思维导图的过程都是根据自己的理解和需要进行详略取舍的过程，也是自己内化学习的过程、思维向外呈现的过程。这样的笔记，怎么能抄呢？

每个人都是独一无二的，每个人绘制的思维导图也应该是独一无二的。

绘制高质量思维导图的三点建议

认识思维导图的规则

思维导图虽然是个性化思考呈现的思维结果，是不是就不需要规则呢？肯定不是的。东尼・博赞在 1974 年《启动大脑》一书中提出思维导图的使用规则，之后进行了广泛的运用与测试，包括已经举办多届的“世界思维导图锦标赛”也有详细的评比规则。这就说明，评判思维导图是有严格标准的。按照规则正确绘制和使用思维导图，这是重要的提醒。所以，我们在初学阶段一定要认真学习，坚持练习，掌握思维导图的绘制和运用的技巧，让它成为你持之以恒的习惯。

要有自己的规则

要让思维导图助力学习、助力考试，必须有自己的规则。让思维导图更好地为自己服务，才能发挥其更高效的作用。不同学科的思维导图笔记，应该有不同的风格和特点。例如，历史学科可能更多的是知识的整理；数学学科侧重的是方法的梳理。同一个学科，不同的课程内容有不同的格式。以语文学科为例，绘制文言文的思维导图和绘制现代文的思维导图，侧重点不同，分支结构也会不同。满足自己不同需求的思维导图，格式也会不同。例如，知识性思维导图重在内容的梳理；复习类思维导图，可能注重横向、纵向的对比……总之，要根据自己的需要，在分支上做一些调整。这些可以在学习和运用的过程中不断总结、不断改进，进而形成自己的规则。例如，有的学生在绘制文言文思维导图时，常常根据文言文的学习重点，绘制文常（文字常识）、内容、写法、主旨、字词五个分支。每个学生的思维导图都有其独特的标记，这就是他们的规则。

手绘思维导图更有助于记忆

对于学生来说，要进入专注有效的思考和深度学习的状态，可以使用手绘思维导图的方式。手绘思维导图的一个核心是图文并茂。此外，关键词的提取和选择是一个聚焦的过程。我们可以选择概括性的词语，同时尽量选择让自己容易理解并快速激发记忆的词语。不管是听课笔记还是阅读笔记，在绘制的过程中，我们会利用各种工具去简化内容，如图标、颜色、符号等，久而久之就能形成自己的习惯，也就是自己的规则。无论是中心图的绘制、关键词的提取，还是图标、颜色的选择，都是在帮助绘制者进入全脑思维的历练，都是在帮助绘制者更专注高效地思考和学习。相反，如果运用电脑软件绘制思维导图，则缺少了这些历练。虽然绘制速度更快，但不利于学习效率的提高。

手绘思维导图的选择，揭示了“慢就是快”的学习辩证法。

如何复习才有效

有运用才会有作用，怎么运用是关键。想让思维导图助力你考试拿高分，怎么复习是关键。德国心理学家艾宾浩斯经过研究发现，人类大脑对新事物的遗忘是有规律的，在记忆的初级阶段，遗忘的速度是很快的，后来就逐渐减慢，到了相当长的时间，就不难忘记了。

遵循遗忘规律

运用思维导图复习也要遵循遗忘曲线规律。很多学生做好笔记之后，往往会放置一边，等到考前才来复习，这是不科学的。绘制好的思维导图，当天、第二天一定要复习，不仅是为了巩固，而且在重温的过程中一定有新的理解、新的感受。对于学生来讲，我们更建议同学之间多交流，多看看别人的作品，查漏补缺，取长补短。强烈建议及时复习、及时修改，绘制 2.0 版。

遵循遗忘曲线规律的复习节奏，建议按如下时间进行安排：

第一次复习：30 分钟之后

第二次复习：当天晚上

第三次复习：次日早上

第四次复习：一周之内

第五次复习：21 天内

遵循遗忘曲线规律，才能将短期记忆转变为长期记忆。而思维导图的高容量，会让你每次复习的时间大大减少。心理学家把人的新习惯或新理念的形成并得以巩固至少需要 21 天的现象，称为 21 天效应。也就是说，一个人的行为或想法，如果重复 21 天就会变成一个习惯性的行为或想法。对于运用思维导图进行复习的习惯，不妨按照上面的时间提示，进行 21 天的习惯养成实验。

及时做知识整理

每个人绘制的思维导图不是一成不变的，而是不断进行整理和优化的。要学会用思维导图做阶段性的知识整理。例如，学了一个单元之后，做一个单元的知识结构导图；学了不同课文之后，做一个对比阅读的导图。此外，还可以做同一类型知识点的整理导图、同一类型文章的群文阅读笔记导图……除了规范的思维导图，也可以根据不同的需要，用不同的图示（鱼骨图、泡泡图等）绘制不同类型的导图。每一次绘制思维导图，都会加入新的知识、新的理解，有概括，有对比，有取舍，有应用，这不仅是知识的整理，更是思维的整理，也就是我们常说的学以致用、举一反三的道理。科学地复习自己认真绘制并用心整理优化的思维导图笔记，怎么能没有效果呢？我们不但要相信大脑“想”的力量，也要相信双手“做”的力量。

思维导图在考试中的应用

思维导图在考试中有没有用？可能很多人在心里都会打一个问号。考试时间那么紧张，哪有时间绘制思维导图呢？其实不然。虽然考试时间很紧张，但一样可以借助思维导图帮助我们获得高分。考场上的思维导图简单快捷是特点，实用是硬道理！

快速调取关键词

绘制思维导图能有效锻炼我们的概括能力。思维导图的一个重要原则就是一线一词。关键词是思维导图的核心之一。“世界思维导图锦标赛”思维导图作品评分标准里专门有一条——使用精准且能助记的关键词。我们在考试时，运用提取关键词的方法审题，可以迅速明确题目要求；当碰到一些较难的题时，还可以用关键词按你的理解去复述题目，来帮助你厘清关系，使答题更准确。有些关键词还能引发联想，有助于记忆。

思维导图做整体分析

在做语文、英语卷中的阅读题之前必须对文本有准确、深入的理解，可以运用思维导图对文本进行简单有效的分析。初中语文阅读，大部分是叙事类散文，可以画一个简单的“5W1H”的思维导图来掌握文章大意；议论文体，可以用“提出问题”“分析问题”“解决问题”三个分支的思维导图分析结构和主要内容。

思维导图梳理逻辑

在写作文时，运用思维导图梳理逻辑可以达到事半功倍的效果。作文的构思，先用思维导图来发散思维，选定方向，再用思维导图来列提纲，梳理素材。这样 5 分钟以内就可以做好逻辑和内容的梳理，思路更清晰，条理更分明，效率更高效。有些题目，答题需要按照步骤进行。这时可以用思维导图来规范答题步骤。绘制思维导图的过程就是思考的过程，是思维激发、思维碰撞的过程，也是催生灵感、梳理逻辑、整合素材的过程。

好用才有用，有运用才有作用！

最后提醒，思维导图是工具。对于任何工具，从陌生到熟练都必须经历不断学习和练习的过程，只要相信时间的力量，相信练习的力量，相信坚持的力量，未来的旅程，思维导图定能助你一臂之力！

第九章

学习计划思维导图的绘制与复盘

吴珊珊

功课堆积如山总是写不完，这是许多中小学生的痛苦；无法准时毕业拿学位，这是许多大学生、研究生的无奈。造成以上现象，原因是多方面的，但没有认真做学习计划和没有养成复盘的习惯是两个重要的因素。

绘制学习计划思维导图的步骤

对于学生来说，被动学习是常见的。按照老师的要求，在规定时间内完成指定的作业。学习空当不是去补习班加强学科学习，就是被安排去上才艺班。学生们长期在这种被动状况下学习，不会主动思考自己到底要学什么，也不会反思如何改进才能使学习效果更好。

绘制学习计划思维导图是培养学生主动思考的好方法。以下案例，是笔者引导自己孩子做学习计划思维导图的一次尝试。帮助孩子养成提前做计划和及时复盘总结的习惯，也是很多家长非常关心的内容。如果你对这个问题很关注，也可以和自己的孩子一起按下面的流程进行尝试。

首先介绍一下孩子的情况。他今年 8 岁，上三年级，平时自己独立完成作业。上三年级以后，他碰到了学习上的第一个大障碍——钢笔字写不好。虽然笔者认为字写得不好不算太大的事情，可是孩子对自己的要求高，写不好字让他有了挫败感。在十一黄金周假期，学校老师又布置了不少作业，孩子同时面临较大的写作业压力。在克服字写不好的挫败感的同时还要高质量地完成作业任务，是孩子面临的难题。为了战胜这一难题，笔者与孩子决定用思维导图做一次认真的梳理（见图 9-1）。

图 9-1　学习计划思维导图

绘制中心图

第一步：绘制中心图。孩子和笔者一起商量后，开始绘制中心图。

首先画出两个绿色的人，代表妈妈与孩子；周围再画上好多爱心，意思是让假期充满温暖和爱。

制作分支

第二步：确定主要分支。假期作业的内容有语文、数学、英语，而英语又分为校外和校内。我们把整幅思维导图的结构分成两块，即校外与校内。根据思维导图的阅读规则，从时钟的 2 点钟方向出发，顺时针旋转，所以先画右边，安排校外内容，包括听、读、写等，同时以耳机、麦克风与毛笔等图标强化印象。

接下来继续绘制校内作业等部分。校内的作业是语文、数学、英语，我们将它们放在校本部的分类下来展示。第一个分支“语文”延伸出抄写、听写词、改作文三个次级内容；第二个分支“英语”，我们用了创意画法，孩子觉得英语是一片绿色的叶子，就画片叶子作为分支；第三个分支“数学”，则画了个算盘作为分支。

完善细节

第三步，细节完善。有关假期学习的思维导图制作完成后，我们决定再检查一下这幅学习计划思维导图，进行查漏补缺。这时孩子说除了学习，还希望在假期里天天练字。于是，我们在中心图的上方增加了一个分类，叫作学习总安排。在这个总安排下分出两个次级分支：第一个是每天的总学习时间。当绘制完思维导图之后，发现作业每天只要 30 分钟就可以完成，其他时间可以自由安排。第二个是每天增加临摹钢笔字帖。

就这样，假期 7 天的作业就呈现在一张纸上了。你可以从中观察到，每个线条上都只有一个短短的关键词，或者只有一个关键图，这是为了便于记忆。在书写关键词时，节约了用于抄写句子的时间，还帮助孩子练习了概括总结的能力；关键图的呈现，增加了图形的美感和下笔时的愉悦心情。

练习用思维导图来梳理学习计划，可以帮助孩子养成主动学习、主动规划的习惯。有一天出门，笔者把这幅思维导图顺手贴在了进门的墙上。没想到，孩子出门换鞋时，又把上面的内容复习了一遍。当他回家时，进门就瞧见了那个没有画笑脸的区域，洗完手便去学习了。由此笔者感到，绘制该学习计划思维导图，是 2016 年十一假期最明智的决策。

复盘总结

在此对 2016 年十一假期绘制的思维导图进行复盘总结。

思维导图是提升思考能力与学习能力的有效方法

这幅思维导图充分展现了方便性与实用性的特点，有很强的运用价值。笔者曾遇到一些学员，他们能画出画面精美的思维导图，但除了感受画图的乐趣与成就感，对他们的工作、学习和生活的帮助却微乎其微。通过对这幅思维导图绘制背景和过程的介绍，说明家长和孩子一起绘制思维导图，不仅能在画图过程中增进亲子关系，还能解决孩子学习的现实问题，让孩子养成制订学习计划与主动学习的习惯。

思维导图需要进行优化和整理

现在看来，这幅思维导图也有不足之处，可以进行优化和整理，这样不但可以提高思维导图的绘制水平，也能提高自己的分析能力。

首先是分类的问题。既然一开始就能清晰梳理出所有的作业分成校内与校外两大类，那么从中心主题所展开的第一个分支概念用 English 和校本部就不太恰当。如果采用校内（校本部）与校外会更好，这就是在分类的逻辑结构中，要求同一阶层类别名称必须是同一等级属性。

其次是颜色应用的问题。如果希望诱过色彩激发出更多的创意，起到帮助我们记忆思维导图内容的目的，那么在绘制线条与书写文字的时候，最好采用能代表主题或者类别感受的颜色。在这幅思维导图中，一开始全部是用黑色笔来绘制线条，为了事后更好地区别分类，有些线条是事后加上去的，但在思考过程中色彩却没有起到任何作用。这幅思维导图的主要功能是拟订学习计划，而在绘制思维导图笔记时，创意的激发与缜密的思考是重点。因此，最好让带有丰富情绪感受的不同色彩融入思考与绘制思维导图的过程中。

最后是错别字的问题。在遇到写错别字的时候，不应该涂成黑黑的一团，如这幅思维导图正下方出现的瑕疵。只要在错别字上画一条斜线，代表这是错别字，然后在其旁边写上正确的汉字即可。

以上从家长角度，对如何使用思维导图引导孩子绘制学习计划的步骤做了说明，并对绘制思维导图出现的几点问题进行了复盘总结，期待能对家长们有所帮助。

解惑篇

学员困惑和解答

启程比蓝图重要，完成比完美重要。

——思学心得

第十章

学习前的困惑

关于思维导图的用途

1. 思维导图看起来很神秘，有什么用？（解答老师：朱文滔）

答：思维导图被称作大脑使用说明书。说它神秘，一是它反映的是神秘大脑的工作方式，二是从形式上看有种“图腾”的感觉。当你走近并使用思维导图的时候，这种神秘感就会消失。你会发现，它是一种革命性的思维和学习工具，可以打开我们所拥有的无限潜能的大门。

凡是需要开动脑筋的场合，思维导图就存在。它能帮助我们明确思考的方向，把握全局的系统思考，同时能将思维的轨迹以图文并茂的方式全景化地展现在我们眼前。作为 21 世纪革命性的思维工具、学习工具和管理工具，思维导图已经应用于生活和工作的各个方面，包括思维、记忆、写作、演讲、管理、决策、会议等。因为思维导图的用途广泛且功能强大，也被称为思维的“瑞士军刀”。

只有想不到，没有用不到，关键在于你什么时候起步！

关于绘画天赋

2. 我天生没有绘画细胞，绘画零基础甚至负基础，能学会思维导图吗？（解答老师：朱文滔）

答：常常有人问：我不会画画，学得会思维导图吗？这样的情况真的应该学学思维导图了！原因有以下三点。第一，思维导图有图文结合的特点，但这些图或者符号只是我们突出对主题的思考与记忆时的呈现。思维导图注重的不是美术创作而是思维的广度和深度。第二，图的绘制方法很多，我们只要求你画的图形自己能辨识即可，而且夸张的图形反而更容易激发大脑的活跃度。第三，其实，每个人心里都住着一个爱涂鸦的小天使，而绘制思维导图也许就会唤醒你的小天使。突然有一天，你惊讶地发现，自己怎么浑身上下都是“绘画细胞”。因此，绘画零基础的担心是没必要的，关键是行动起来，勇敢尝试。每天一小步，日积月累跨大步！

关于绘制思维导图的时间

3. 画思维导图太浪费时间了，有画思维导图的时间我早都记住了。我感觉思维导图画出来对我的记忆没有明显的提高，这是怎么回事？（解答老师：李冬）

答：首先，思维导图是绘制出来的，而不是画出来的。仅仅为了美观而画图，的确会浪费大量时间。相反，如果你下笔时就带着目的去绘制，则不仅不会浪费你的时间，还会帮助你解决问题。当思维的脉络通过绘制，全景化地呈现在你面前的时候，不仅让你的认识更清晰，也会使你的记忆力得到加强。不是任何地方都要画思维导图。当你熟悉这个工具之后，你会发现画只是一个辅助作用，思维按照导图的规则呈现到笔尖，这才是最关键的。思维导图的灵魂在于它对思维深度和广度的训练，它会让你的思维拥有 4D 联想和呈现的效果。其次，最初绘制思维导图时要兼顾规则和思维，时间确实会长，但熟练后你可以做到 15 分钟甚至 10 分钟完成一幅思维导图。就像小时候学写字，第一次当然会很慢，而现在可以闭着眼睛写出漂亮的句子和文章。唯练习是硬道理，唯练习成真功夫！此外，记忆大师的记忆力也不是一天练成的。渴望一次绘制就提高记忆力是天方夜谭，但坚持刻意练习的方法提高记忆力是可以实现的。因为思维导图是母亲，超级记忆是它的一个孩子。接受，使用，发现，必须经历这些阶段，才会得到超强的记忆和缜密立体的思维。

关于学习的时间

4. 我感觉思维导图是有用的，但我没时间学，孩子平时学习压力很大，也根本没时间来学。怎么办？（解答老师：宋晓颖）

答：当你根本没有使用思维导图时，即使其他人觉得再有用的方法对于你来说也是“没有用”的，没有使用就没有作用！真正的有用是要去用。没有时间的原因在于时间管理没有做好，学习效率低。低水平的勤奋是问题背后的问题，问题的根源则是用战术的勤奋掩盖了战略上的懒惰。思维导图可以帮助你提高时间管理能力，帮助学生提高学习效率和效果。“磨刀不误砍柴工”，找到一个学习利器，学会使用它所需要的时间成本远低于停留在沿用老方法不做改变的成本。与其让它助力别人优秀，不如让它帮助自己卓越！父母永远是孩子的榜样。我会在上学路上刻意和儿子做思维的发散和联想、问题解决、事物归类等练习。四年级的儿子有一天做了一道初中思维导图训练营的题，对关键词的提取特别准确，这得益于对思维导图的学习。时间是水，由你掌握；孩子是木，水来滋养，你来指引！

5. 画思维导图太浪费时间了，需要一个月，而我们这里两天的周末班就学会了。据听说思维导图很简单，5 分钟就能学会。（解答老师：宋晓颖 吴珊珊）

答：在学习领域，最遥远的距离就是从知道到做到之间的距离。思维导图的原理和绘制方法很简单，5 分钟我就可以讲清楚。然而，就算讲得再清楚，讲完后，你在学习中用得上吗？你能按照规则绘制实用的思维导图吗？答案是不能。因为思维导图是驾驭我们大脑的工具，需要练习才能做到游刃有余。驾驭大脑与驾驶汽车有相似之处。驾驶汽车的道理很简单，很快就可以讲清楚“踩油门、踩刹车、打方向盘”三个驾驶要点，然而实际上，驾驶汽车通常至少需要一个月的反复练习，经过反复练习后，才能通过考试拿到驾照。作为能帮助我们大脑进行有效思考的思维导图，在熟练使用前，一个月的反复练习也是必需的。熟方能生巧，练方能知行合一，真学真练，不走捷径，才是真正的捷径。

关于导图与传统笔记的差别

6. 思维导图与传统笔记相比没有本质区别，不就是列提纲，把线性笔记重抄了一遍而已？（解答老师：刘洋）

答：思维导图和传统笔记有相同的地方，也有本质的区别。

相同的地方是，思维导图在学习应用中可以作为笔记的一种，也有主干与分支。传统笔记也可以列提纲。

本质的区别在于，利用思维导图的笔记，在遵循内容大纲的基础上更注重内容之间的逻辑性，要求绘制者对于笔记的内容进行详细的归纳、整理。如果说传统笔记是对于内容的完整照搬，那么思维导图笔记需要绘制者在理解内容的基础上做好归纳、整理的“内化”工作后再“输出”，最后绘制成思维导图。

思维导图中需要运用线条、色彩、图像的要素，可以调动右脑的参与。因此，思维导图是把大脑里所记忆的知识呈现出的一种笔记。

总结一下，传统笔记是主要基于左脑功能的笔记方法，而思维导图注重发掘全脑的功能，特别是右脑功能的图像、想象、色彩等方面。因此，传统笔记好像别人思想的复读机，而思维导图笔记却是通过论文答辩的完美呈现！

关于电脑绘制的思维导图

7. 与手绘思维导图相比，电脑绘制的思维导图更实用、更方便，直接用软件不行吗？（解答老师：吴珊珊 刘洋）

答：电脑绘制的思维导图与手绘的思维导图，各有优势。电脑绘制的优势是简单快捷，方便修改。手绘的优势是对大脑潜力的开发效果更好，同时在呈现方面更有吸引力。

目前，互联网上有很多思维导图制作软件，大家可以很方便地利用这些软件制作思维导图。思维导图的精髓不在于你用什么来制作，而在于把大脑的思维过程进行可视化的展示，让工具帮助自己打开思维接受新鲜事物，提高自己的思维水平。软件可以更好地帮助我们进行作品的快速整理、保存和复制。手绘则可以促进左右脑的合理应用，促进大脑潜能开发，提高记忆力和创造力，效果显著。不断地手绘会创造出属于自己的独特风格，不断地锤炼自己的制作技能、技巧和手法，它的价值绝不低于世界上的任何一幅名画，因为那是你自己创造的个人杰作。

对比手绘的思维导图和电脑绘制的思维导图的差异性，学习掌握手绘的思维导图是让我们在学习之初，对于思维导图的构造、组成要素都有深刻的了解，能够知其然而又知其所以然；在落笔的时间里，能享受绘制的过程，感受思维导图带来的思维碰撞及右脑潜能的激发。如果是在职场中或者在较短时间情况下运用，使用电脑绘制的思维导图也是不错的选择。

关于家长要不要学

8. 我是一名孩子的家长，我觉得思维导图孩子会用就行了，而我不考试，学了有意义吗？（解答老师：刘洋）

答：想让我们的孩子变成其他人口中的“别人家的孩子”，父母首先应该成为“别人家的父母”。在孩子的生命当中，父母不仅是启蒙老师，更是终身的榜样。

面对社会的快速发展，面对职场竞争压力的增大，家长也需要不断地“武装”自我，才能稳步上升！思维导图不仅可以帮助孩子提高学习的效率，还能提高学习的兴趣。同时，思维导图还能在工作、生活的方方面面帮助父母，如人生规划、旅游计划、时间管理、会议记录、项目策划等。**对于孩子和家长来说，思维导图都是一个学习、终身受益的思维利器。**

第十一章

学习时的困惑

关于思维导图的质量

1. 思维导图里的内容越多越好吗？（解答老师：李冬）

答：思维导图的层级以 3~5 层为宜，信息越多，对大脑的压力也会越大。思维导图不是画得越漂亮、越精美越好。思维导图相当于我们大脑思维的地图，画得再漂亮、再精美的思维导图，如果它的思路是混乱的，也不是一幅好的思维导图。思维导图的精髓在于思维，思维导图，图导思维，思维先行，颜值加分。

2. 如何判断一幅思维导图的质量？（解答老师：杜爱锋）

答：鉴赏一幅思维导图要从关键要素着手，既要严格遵守思维导图的绘制原则，又要灵活运用。

第一是中心图。它是思维导图的焦点，内容要与中心主题相关，便于理解和记忆。色彩要突出，起到焦点作用。

第二是空间结构。空间结构要做到归类清楚。分支要与中心图紧密相连，由粗到细渐变，形式多变，尽量控制在七个分支以内。

第三是线条。线条走向尽量水平，方便书写和阅读。相邻分支之间的线条色彩要易于区分，冷暖搭配。

第四是关键词。关键词要求精练、准确，一个分支线条上写一个关键词。

第五是小图标。它是关键词的形象表达，有辅助记忆的作用，所以要色彩丰富，吸引眼球。

对于这些技巧，要遵循，更要灵活运用。因为这些技巧都是为了传播和交流，以及在后期的应用中约定俗成而已。

3. 画得好看的思维导图才是好的、优秀的思维导图？（解答老师：吴珊珊 杜爱锋）

答：美感是艺术需要，而思维导图的好主要体现在思维的脉络呈现上，是否优秀在于它能否做到化繁为简、以简驭繁。如果图形是零乱的，思维会受到阻碍，问题也不能突出。不能否认，美观的思维导图能吸引眼球，画得美观可以给思维导图颜值加分，但重点还是思维导图中体现的思维。现实中不乏思维导图画得很艺术，但品质低下的情况。

4. 看思维导图可以记住思维导图的内容，可不看思维导图就难以记住思维导图所记录的内容。怎么办？（解答老师：陈小灵）

答：首先，绘制的过程很重要。绘制思维导图需要提炼、整理、归类甚至联想，所以我们提倡自己绘制，而且可以绘制 2.0 版、3.0 版，不断升级，每次绘制的过程都是对思维的整理。其次，思维导图也需要经常复习。艾宾浩斯研究发现，遗忘在学习之后立即开始，而且遗忘的进程并不是均匀的。清晰简洁的思维导图有助于高效复习、高效记忆。用心绘制并及时复习，如果再加上一些记忆技巧，记忆效果会更好。

关于结构和中心图

5. 对结构的布局，以及中心图的选取希望能得到老师的指点。思维导图的布局一定要左右平衡吗？（解答老师：陈小灵）

答：第一，思维导图的绘制目的在于激发思维和整理思维。中心图要与主题相关，要抓住关键词去联想，要让读者一下子能找到中心。第二，不要为画而画。简洁明了，不必过于华丽或复杂。如果需要花费大量时间去画图，就违背了运用思维导图的初衷。第三，结构布局尽量平衡，而非绝对平衡，思路清晰更重要。在布局前有一个统筹很重要，整理思维不可少。

6. 还是不太会构思思维导图，怎样能让它既美观又实用？我做的思维导图基本都是临摹，还没有一幅是完全自己画出来的。是否可以随心所欲地画图呢？（解答老师：陈小灵）

答：第一，学习是需要过程的，不可能一蹴而就，一定要给自己耐心。第二，作为初学者，临摹是最好的学习。临摹不同风格，多观察生活，取长补短，逐步建立自己的图库，逐渐形成自己的风格。第三，每个人都是独特的个体，而联想和想象源自生活，所以大胆地放飞自己，让思维在你大脑里开花吧。

关于小图标

7. 我觉得小图标没啥用。我习惯了文字，可以不画小图标吗？小图标的位置有要求吗？（解答老师：潘月月）

答：小图标一般会放置在关键词的后面、右上方，或者让图标独占一个线条。安排小图标的位置时，一定要明白小图标的价值。小图标的价值在于提升内容的关注度，增强其表达力，同时加深对内容的理解，所以小图标和关键词是一一对应的关系。当它们同时存在时，一定是相互依存、不可分离。

学习过程中大家会看到三种不同类型的思维导图，有全文字版、全图版、图文并茂版。绘制时可以根据自己的需要来决定选择哪一种类型的思维导图。全文字版中没有图标；全图版中没有关键词；图文并茂版是关键词和小图标搭配使用，是最实用的思维导图，因为图像比文字更具有吸引力。

绘制小图标是很多初学者遇到的头号难题。其实不用纠结，想想童年的自己，或者看看孩子们，他们随手即画，毫无障碍，而成人总会纠结于画得好坏。在思维导图的世界里，图能达意就好，如一个半圆可以代表月亮，一个对钩可以代表正确，达到绘制的目的即可。同时，右脑的记忆力是左脑的 100 万倍，这个记忆倍增的基础来源就是图像，所以让我们一起迎接挑战，画起来吧！

8. 小图标对加强关键词的作用是很大的，这一点到目前为止深有体会。可是做一个自己的图标库，对初学画画的我来说，有点困难。如何建立自己的图标库？（解答老师：潘月月）

答：能够感悟到小图标的巨大作用，并且深有体会，这为我们打造自己的图标库树立了良好的信心。信心有了，就需要有方法。其实，建立图标库的过程是学习路上非常快乐的旅程。

首先，可以给自己找一些“老师”来辅导自己。推荐大家购买简笔画的教材来参照临摹。

其次，可以借助网络的力量，随时搜索一些简笔画的图来临摹。

最后，可以给自己准备一个小本子、一支笔随时放在包里。当我们看到路边或者商品上的小图标时可以照着画下来，看到好的思维导图作品中的小图标一样可以收入囊中。这就是小图标的来源。

那么，该如何分类呢？建议从最常见的物品开始积累小图标，如家具、家电、交通工具等；还可以积累画简笔小人的方法，如星星人、火柴人、扑克人等。当我们掌握且熟练这些方法后就可以挑战一些抽象词，因为抽象词的小图标转化需要我们花些力气。例如温暖，我们可以问问自己：提到温暖你想到了什么呢？答案是火、太阳、爱心等。每个人想到的词会不同，找到你最喜欢的那个词并画出来即可。

小图标的绘制是一个日积月累的过程。做个小图标收集的有心人，享受积累小图标的快乐过程，你会收获一个大大的惊喜！

关于线条

9. 让思维导图的线条流畅有什么好方法吗？布局有一般性原则吗？（解答老师：潘月月）

答：综合来看，思维导图是由图像、文字与线条组合而成的，所以线条在思维导图中占据着重要的作用，而绘制线条时要掌握三点原则：①与中心图紧密相连；②主次分支由粗到细，呈现逻辑关系，主分支与子分支的衔接仅为一个点；③曲线最佳。

初学者在绘制时无法很好地把握线条的流畅度，建议大家可以练习波浪线来感受曲线的画法，同时感受绘制时不是握笔用力，而是利用手腕的力量带动曲线完成的过程。下笔时稍用力，弧度一气呵成。俗话说“只要功夫深，铁杵磨成针”。思维导图绘制过程中基本功是否扎实主要看线条，量变带动质变，多多练习方为王道！

送上锦囊一个：“铅笔一支、橡皮一块；初学者要学会打底稿，给中心图、线条做合理的规划安排，方便修订；底稿没问题以后再上色，效果就有了基本的保障！”

关于布局，把握对称原则，合理利用纸张的空间。线条代表的是大脑思维的流向，要让它充满生命力的灵动。当基本功扎实之后，线条可以随心而动，还可以有效优化思维导图的版面。

关于发散思维

10. 通过学习，手绘思维导图的确可以改变思维，但是如何做到发散思维？发散思维需要哪些技巧和方法？该如何运用于实际教学中呢？（解答老师：薛丽娜）

答：思维导图的发明者博赞先生说："思维导图是用图表现的发散思维。"联想是思维导图的灵魂，可以激发大脑的无限潜能。联想可以分为两种，一种是自由联想，天马行空不受限。激活创意的时候，需要更多天马行空的想象，越离奇越好。另一种是逻辑联想，脚踏实地方可实现。解决问题的时候就需要做限制条件下的思考。例如，做一份教学设计，就要符合具体的情境和需求。发散思维的两个好用的工具是"六何分析法"和"六顶思考帽"。当遇到问题的时候，你可以从 What、Who、When、Where、Why、How 六个方面做分析；然后戴上六顶帽子，从不同角度审视是否可行，能否改进。

关于关键词

11. 关键词一定是词语或短语吗？对于文章关键词的提取，一定要按照顺序吗？简单到逻辑都没了行不行？（解答老师：薛丽娜）

答：关键词是表达一个完整语义的字或者词语，是思维导图中最小的信息单位。关键词可以是一个字、一个词、一个成语，直到信息不能继续拆分为止。例如"买"字，当把这个字写在线条上时，你大脑中可以买的东西就源源不断地涌出来。如果写的是一个短语"买衣服"，那么思维到这里就终止了。我们要寻找解决问题的方法，就要激活大脑，想到各种可能性，用关键词是最佳选择。总之，规则是“一线一词”，是打开思维的“阀门”。

对于文章关键词的提取，是否按照顺序取决于你的绘制目的。目的决定形式。如果是梳理文章内容，可以根据需要调整顺序。如果是背诵原文，按照顺序安排内容更有利于记忆。

道法自然。你见过长在树上的西瓜吗？你见过在天上游泳的鱼吗？“简单到没有逻辑”就给人这样的感觉。符合逻辑是思维导图分类阶层化的一条准则。不管是分类还是分层都要符合一定的逻辑关系。所以，丧失逻辑的思维导图就丧失了思维导图的生命力。

关于绘制的顺序

12. 在绘制导图时是先画分支再写文字吗？思维导图分支的红、黄、蓝、绿有先后排列顺序吗？是否可以按喜好运用？（解答老师：薛丽娜）

答：能解决问题的思维导图才是好的思维导图。分支均匀与否属于形式的问题。思维导图是思维的可视化过程。当我们的思维在发散的时候，边写边画可以更有效地激活我们的思维。分支不均匀也属于正常状态。如果以分支的均匀为目的，着眼于好看，就是买椟还珠，削足适履，反而得不偿失。当然，如果用于交流的话，你可以从 1.0 版本升级到 2.0 版本，重新找一张纸来绘制，或许还会有新的灵感来敲门。

关于颜色的处理，在思维导图中运用不同色彩可以帮助我们呈现信息的不同属性、区分信息的重要性及意义。同一类信息用同一种颜色。

冷暖色间隔，信息的区分度高。色彩还能够有效带动我们的情绪。例如，看到黄色、橙色就想到食物和温暖，想到健康和丰收；看到绿色、蓝色就想到碧水蓝天、绿树青山，想到生机和活力、希望和未来。

如果是绘制交流目的的思维导图，色彩就要符合大家的认知习惯。例如，人们通常认为爱情是红色的，表达爱情的分支使用红色就显得喜气洋洋。如果是自己使用，可以根据自己的喜好去选择色彩，对于颜色喜好无好坏之分。

关于颜色

13. 我觉得中心图黑白的也挺好看。为什么一定要三色以上呢?（解答老师：吴珊珊）

答：不同颜色会给人不同的感受，带来不一样的暗示。

思维导图中心图的图像应该尽可能使用三种以上的颜色，不仅可以达到吸引目光，突出重点主题的效果，有助于创意的激发，也具有增强记忆，引发大脑产生联想的效果。

一幅生动的中心图，不仅寓意贴切，还能让你集中注意力，让大脑更加兴奋，更加快乐地思考和学习。

另外，自由地使用颜色绘制思维导图的过程本身也非常有趣。

14. 思维导图需要那么多彩色笔做什么？换来换去的，我觉得影响了我的效率。（解答老师：吴珊珊）

答：思维导图的每一个绘制规则都有其特殊的功能，不是为了美观而使用了色彩。每个分支运用不同的颜色，除了从视觉上对不同主题、不同类别进行区分，达到快速查找信息的目的，更重要的是，通过色彩来表达自己对某一主题、类别带来的内心感受，从而起到激发创意、帮助记忆的效果。

大脑有追逐美的自然倾向。因此，思维导图的色彩越丰富，就越具有吸引力，大脑能记住的内容就越多，印象也就越深刻。花点时间给分支和图像增加点颜色，体现图形的层次，能更好地激活思维。

关于书写

15. 潦草地绘制思维导图可以节约时间，有必要认真书写吗？（解答老师：吴珊珊）

答：为了有效抓取现场的信息，先潦草记录下来也是可以的。思维导图融图像与文字的功能于一体。书写规范的关键词会使内容更加清晰，方便大脑调取信息。

思维导图规则要求文字书写的颜色与线条同色或者黑色。电脑绘制思维导图时，为了避免屏幕上不容易阅读彩色字，以黑色为主。越是上位阶字号越大越粗，以方便在视觉上凸显上位阶的重要概念、类别或者议题，下位阶字号则采用相对小的字号来体现层级感。

由于思维导图所呈现的文字都是关键内容，每个关键词都是一个母体，繁殖出与它自己互相联系的一系列“子孙后代”。每个词又都是自由的，这有利于新创意的产生，而不清晰的文字会扼杀这种火花效应。因此，关键词需要正楷来书写，避免书写潦草而淹没关键信息，妨碍内容的有效识别。

关于思维导图绘制规则

16. 一定要按绘制规则来绘制思维导图吗？（解答老师：吴珊珊）

答：我们都知道“无规矩不成方圆”。要想高效地使用大脑说明书——思维导图，充分发挥人类左右脑的功能，我们就要遵守思维导图的绘制规则，目的不是要限制我们的思考，而是通过这些与大脑一致的特定技巧，来帮助我们达到更加快速地提高学习力、记忆力和思考力的目的。

为什么要遵循这些规则呢？正如驾驶洗车一样，所有的车辆都要遵守交通规则，才能保证道路畅通，大家也才会更快速地到达各自的目的地。如果车辆都不遵守交通规则，就会造成交通堵塞，甚至交通事故。

驾驶我们的大脑也是同样的道理。对于思维导图的学习，我们一开始就应该严格按照博赞先生谈到的思维导图的基本规则来绘图。原因如下：

- 这些绘制规则非常符合大脑的思维模式和学习模式，有助于提高我们的学习和工作效率。
- 遵守规则绘制的思维导图，交流起来就会更加方便、直观，也便于理解和记忆。
- 在学习初期，严格按照规则的要求来做，可以保证方法的正确性，为以后应用过程中不断地创新和突破奠定牢固的基础。
- 在学习初期，一定要学习正确的东西。只有这样，才不会在后期花费更多的时间和精力来修正错误。

思维导图的规则很简单，但是真正做到并不容易。原因就在于知道是一回事，真正去做并且能够做到是另一回事。

遵守所有的绘制规则，就是一幅“完整的思维导图”，但下笔时不要求每幅思维导图都绘制成完整的思维导图。根据绘制的目的和需求，选择适合的形式，只要有助于你达到预期的目标，就是一幅好的思维导图。

第十二章

学习后的困惑

1. 学习了思维导图，也做了很多思维导图作业，但还是不知道如何用。思维导图能干吗？（解答老师：于翠兰）

答：思维导图要学以致用，要使用才会有作用。思维导图具体的用途有：①工作中优化完善项目规划，做报告、总结，省时省力。②学习中提高想象力，提升记忆力，加强逻辑思维能力，省时高效。③生活中做时间计划、身材管理、休假安排等。一定要结合工作、学习、生活实际来运用才有价值。如果学了不用，思维导图就只是“屠龙之技”。

2. 我参加过两天的训练班，把思维导图学会了。思维导图就是画个枝干，把文字写在上面而已，不觉得有什么用处。（解答老师：于翠兰）

答：思维导图是通过带颜色的图像、文字、线条三要素进行结构布局的一种应用工具，只有正确绘制图文并茂的思维导图，不断用，它才有用。

3. 家长该如何引导孩子学习思维导图？（解答老师：赵君伟）

答：不同年龄阶段的孩子有不同的引导方法。三年级的学生已经有了一定的认知水平，可以开始学习比较规范的思维导图。对于一二年级的孩子，在成人的指导下可以进行一些关于思维训练方面的练习，还可以参与成人的思维导图绘制过程，对思维导图有一个初步的了解和认识。对于再小一些的孩子，要以右脑的练习活动为主。

家长最初可以以激发孩子的学习兴趣为主，引导孩子做一些发散思维练习，如联想开花和联想接龙，让孩子充分发挥想象力，并用思维导图的方式呈现出来。玩中学，学中玩，让孩子体会到其中的乐趣。

4. 如何利用思维导图辅导孩子复习？（解答老师：赵君伟）

答：我们可以利用思维导图的网状结构，将知识进行建构，形成知识地图。当一天的学习结束后，回到家里可以让孩子将一天的学习内容用思维导图整理出来。当一周的学习结束后，可以将这一周做的思维导图汇总成一幅思维导图，最后汇总成一个月的思维导图。

在期末复习时，我们可以以教材为核心绘制一本书的思维导图。这个时候需要三个步骤：

第一步鸟瞰全局，画目录导图。根据教材中心主题绘制中心图，从目录中提取一级关键词，形成思维导图的中心和一级分支。针对每一章的具体内容画二级分支，然后按二级分支中的章节包含的内容继续向下延伸，直到所有主干的知识点全部绘制在思维导图上。

第二步开枝散叶，画章导图。以同样的方式画出某一章的思维导图，也就是以一章的内容作为中心主题。

第三步有的放矢，撒网捕鱼，画节导图。找出这一节的重点和难点，把最关键的考点呈现出来，并用符号在思维导图上标出来。通过这些思维导图，整本教材的内容一目了然，既见树木，又见森林。

当所有思维导图绘制好之后，可以根据艾宾浩斯遗忘曲线的规律，每隔一段时间进行定期复习。

攻玉篇

手绘思维导图作品展示

有效的刻意训练从临摹起步。

——思学心得

第十三章

思维导图作品展览

本章是手绘思维导图作品展示，作品以五个栏目呈现了思维导图的五个常见运用类别，每幅作品均有创作者的署名，同时配上思学团队撰写的简短说明文字。工作方法栏目适合工作中的沟通、问题解决的运用；教学相关栏目适合老师、培训师设计教学课程时参考；导图学用栏目适合思维导图的学员学习思学课程时参考；阅读经典栏目主要是一些经典书籍的内容思维导图，适合做阅读笔记的使用者参考；美丽家乡栏目，可以作为历史、地理相关学习的参考资料，也可以作为各地游学的攻略。

工作方法

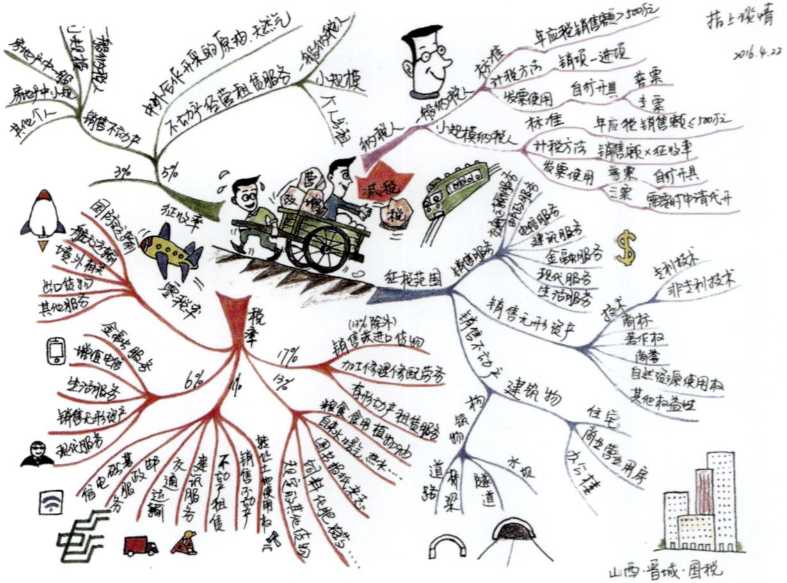

图 13-1　营改增（创作、绘制：杜爱锋）

图 13-1 产生如此大影响力的根本原因不是绘制技法而是现实运用。创作者运用思维导图解决工作中现实问题的思路和做法，是思学平台一贯提倡的“学以致用、用以促学”理念的体现。现实的运用为艰苦的学习旅程提供了动力，也为创作者提供了展示才华的广阔舞台。

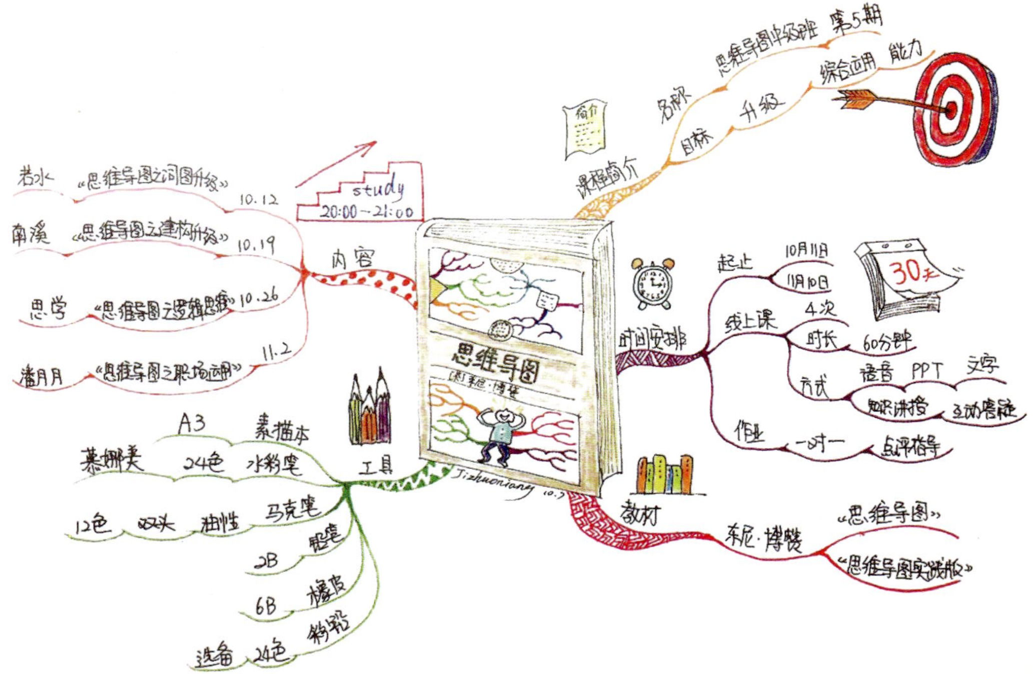

图 13-2 解释说明（创作、绘制：纪卓娘）

图 13-2 的目的是运用思维导图做有效沟通。思维导图是非常有效的沟通方法，所有需要说明的要点都分门别类地进行呈现，可以让信息接收者一目了然，这就是一图胜千言。运用于沟通的思维导图可以电脑绘制，也可以手绘。手绘思维导图的艺术性更强，能更好地吸引对方的注意力，有助于目标的实现；电脑绘制的思维导图简单方便，省时省力。

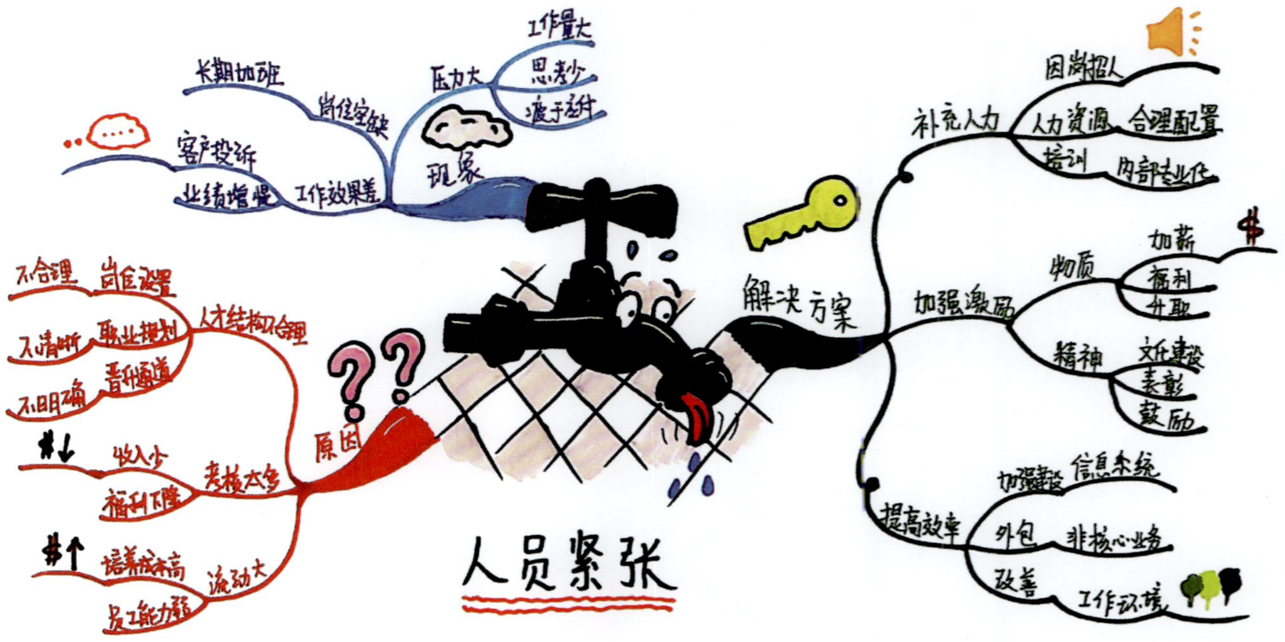

图 13-3　问题分析解决（绘制：王甜甜）

很多公司都有人员紧张的问题。对于这一主题，三个分支分别为现象、原因、解决方案。为了版面平衡的关系，现象分支没有放到 2 点左右的位置。这幅简单的思维导图（见图 13-3），在基本分支上呈现了问题分析解决的基本逻辑思路，与麦肯锡的黄金三分法本质上相同。由此可见，思维导图的基本分支代表了思维的框架和方向，是思维导图思考法的核心内容。

教学相关

图 13-4 “让脑飞翔”课程结构（创作：李思学 重绘：纪卓娘）

图 13-4 是李思学第一节微信思维导图课程“让脑飞翔”的结构思维导图。本课程已经公开分享过 270 多次，累计听众超过 5 万人次。每一次分享后，他都会进行小范围的迭代优化。本图也是经过四次升级绘制的结果，其中自己画过三次，最后一次请团队里的绘制高手再一次升级。

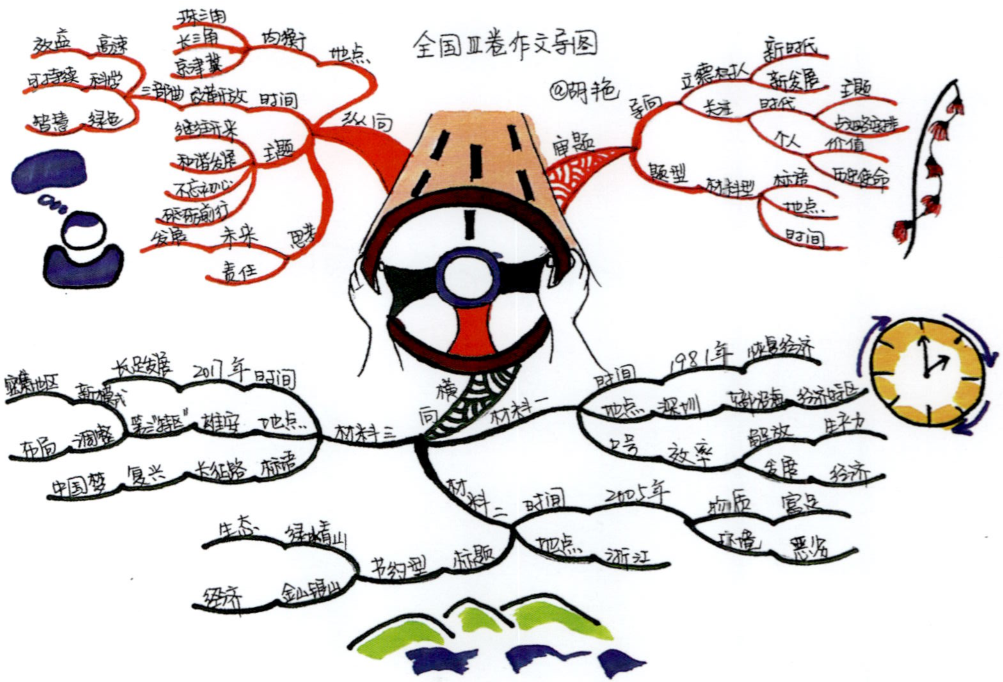

图 13-5　应对考试（创作、绘制：胡艳）

学习类别的思维导图的一大用途是应对考试（见图 13-5）。因为考试时间非常紧张，所以需要简洁清晰地绘制思维导图。这幅思维导图已经足够简洁。如果是考试时分析考题或打作文草稿时使用，可以把中心图、图标都简化，只用一种颜色极速梳理出整体的逻辑结构，答题时就能做到纲举目张、有条不紊。

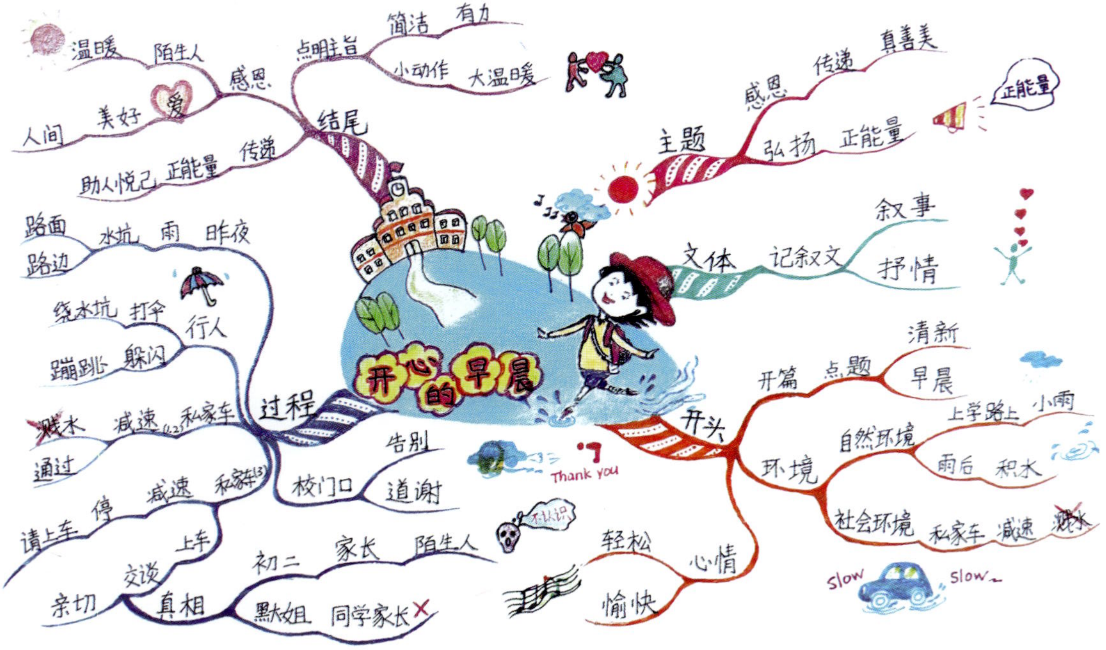

图 13-6　讲解作文（创作、绘制：孙家梅）

老师在讲解作文方法时，可以运用思维导图的方式把文章结构进行全景式的呈现（见图 13-6），培养学生利用思维导图来分解文章结构和进行写作设计。作为课堂呈现的思维导图，要首先起到吸引注意力的作用，可以在老师的绘制水平能驾驭的前提下，绘制比较丰富的小图标和选用鲜艳的色彩来增强吸引力。

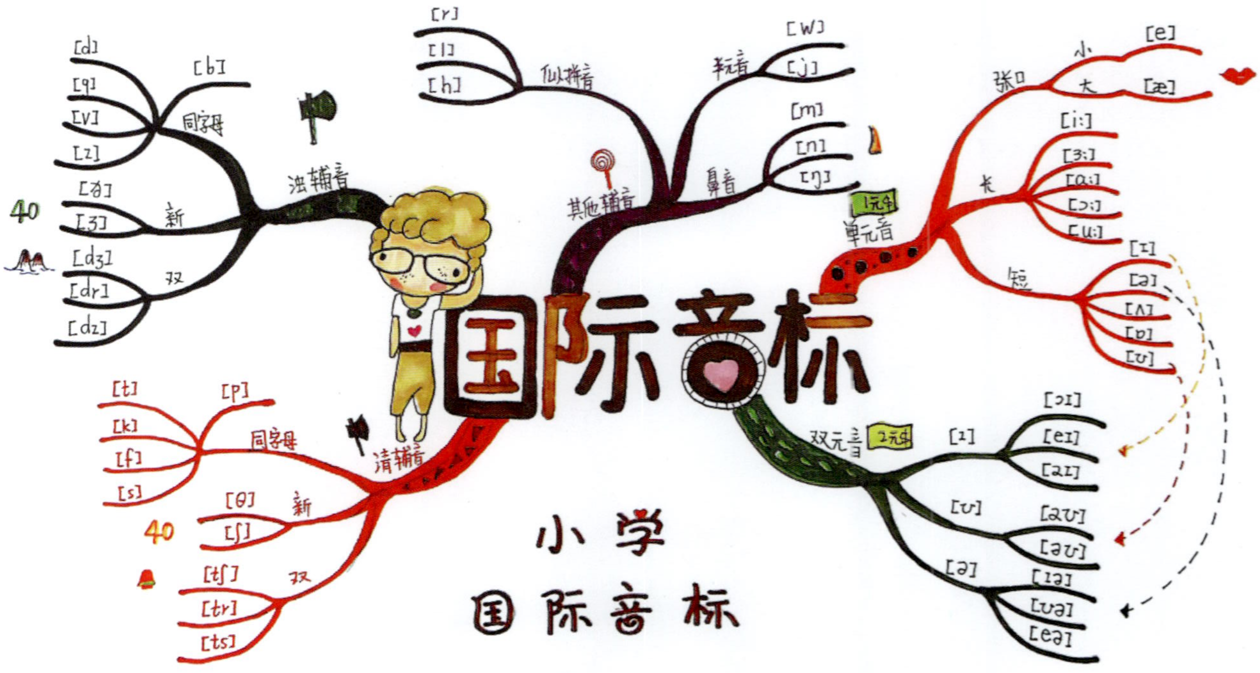

图 13-7　英语教学（创作、绘制：王甜甜）

图 13-7 是一幅英语教学运用的思维导图。创作者是国内知名英语培训机构的少儿英语培训师，在视觉化教学方面有独到的研究和丰富的实践经验。她开发的运用思维导图进行英语教学的系列课程，备受学员好评。

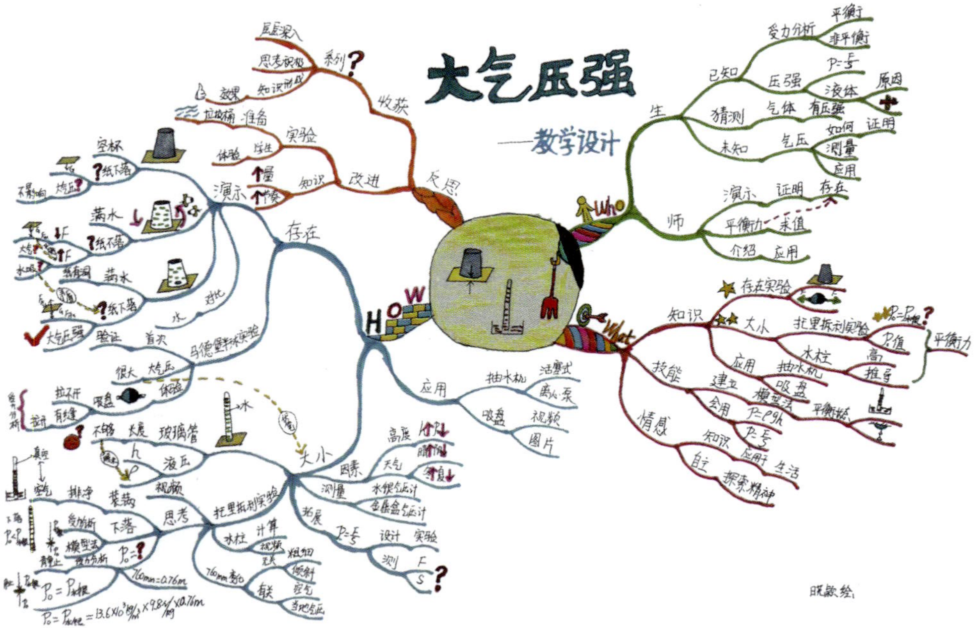

图 13-8　理科教学（创作、绘制：宋晓颖）

宋晓颖老师在学校的思维导图理科教学运用（见图 13-8）方面，是走在思学团队前列的。如今思维导图的运用之火已经在中国很多学校燃起，不同级别思维导图教学科研课题项目的设置表明了其所受的关注度。即便如此，很多学校的老师对思维导图只知其名不得其法，更说不上有效地运用了。其实，对于很多老师还比较陌生的思维导图，无论是学校还是老师，在运用推广之初，往往都会遇到阻力。当宋老师在教学中运用思维导图时，承受了不小的压力，但她一直在坚持。曾经的曲折，现在已经成为宝贵的财富。

图 13-9 视觉呈现 [绘制：薛凤莲（网名风吹过地无痕）]

薛凤莲是设计专业毕业，在思维导图的视觉呈现方面（见图 13-9）有专业上的优势；在幻灯片设计方面，也是行家里手。薛凤莲的 PPT 设计课程，是思学团队讲师的必修课。

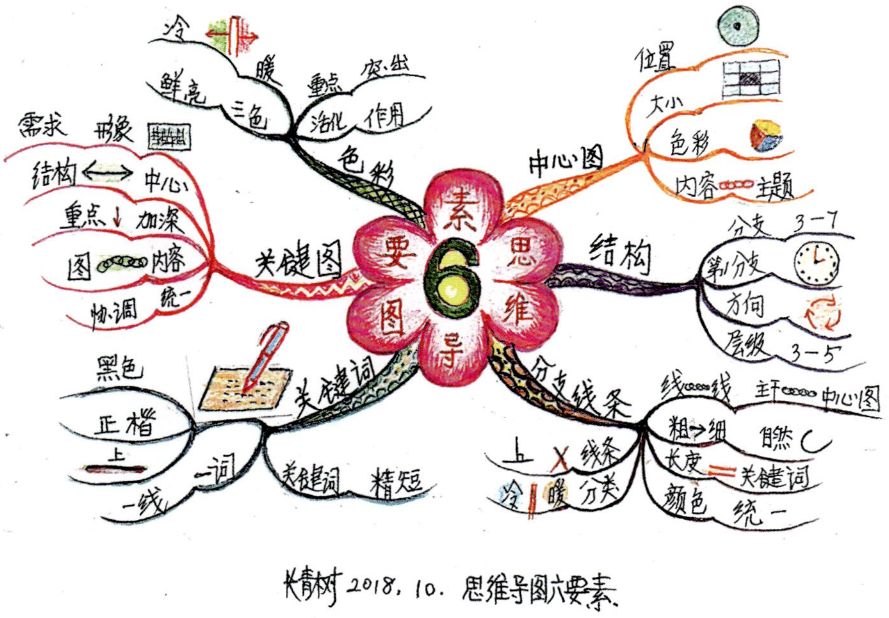

图 13-10　思维导图六要素［绘制：高雨波（74 岁，网名长青树）］

高雨波是一位退休多年的老太太，74 岁结缘思维导图，便再也离不开。她不但用思维导图记录日常生活，而且用来整理太极拳谱，因为这样不仅记得更牢，太极拳水平也升级了。她开心地说："古稀老人大脑容易衰退，记忆力越来越差。学习思维导图后大脑再度活跃起来，阅读和绘制思维导图乐在其中，生活充满了活力。"感谢她为我们创作了精彩的思维导图作品（见图 13-10），为我们提供了这么好的思维导图现实运用案例。

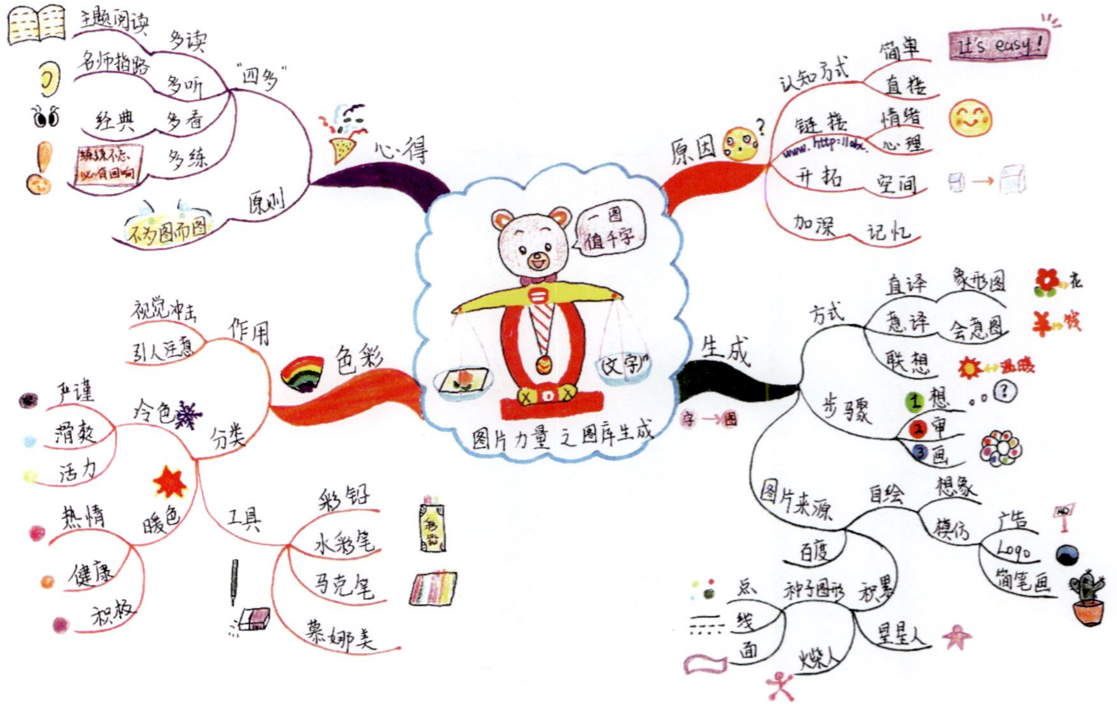

图 13-11　“图库生成”（绘制：何丽红）

对于思维导图的学习，图标的绘制是一大难点，也是大家必须攻克的关口。“图库生成”课程（见图 13-11）就是为了解决这一问题开发的课程，有了老师的指导，再加上自己的认真练习、不断积累，图标难关就能突破。

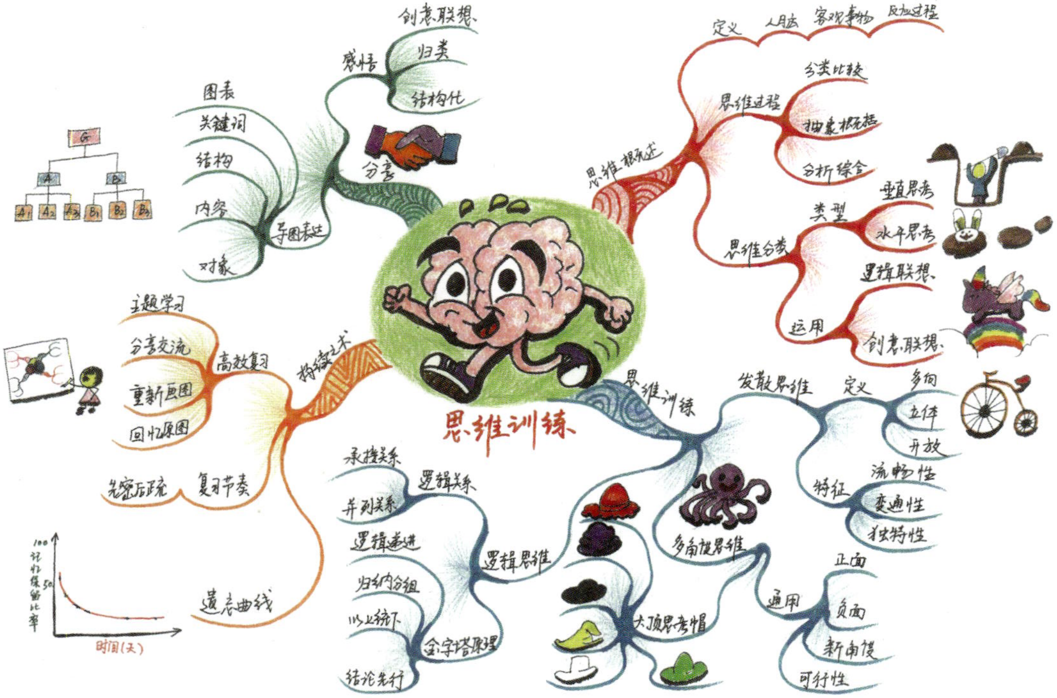

图 13-12　思维训练（绘制：韩迎晨）

在现实的学习和工作中，实用的思维训练（见图 13-12）主要有三个类别：逻辑思维、发散思维、多角度思维。这三个类别的思维训练，可以与思维导图的练习结合起来，相互促进、相得益彰。

阅读经典

运用思维导图抱团阅读经典好书，可以让阅读的速度更快，效果更好。思学团队在过去的一年多时间，发起了思维导图经典汇公益阅读活动，进行了 50 余本经典书籍的导读和分享。通过这个纯公益的活动，导读者通过导读经典，可以认识更多志同道合的学习伙伴，可以通过收听导读和绘制笔记，得到更多经典的滋养，是真正有价值的深度阅读。

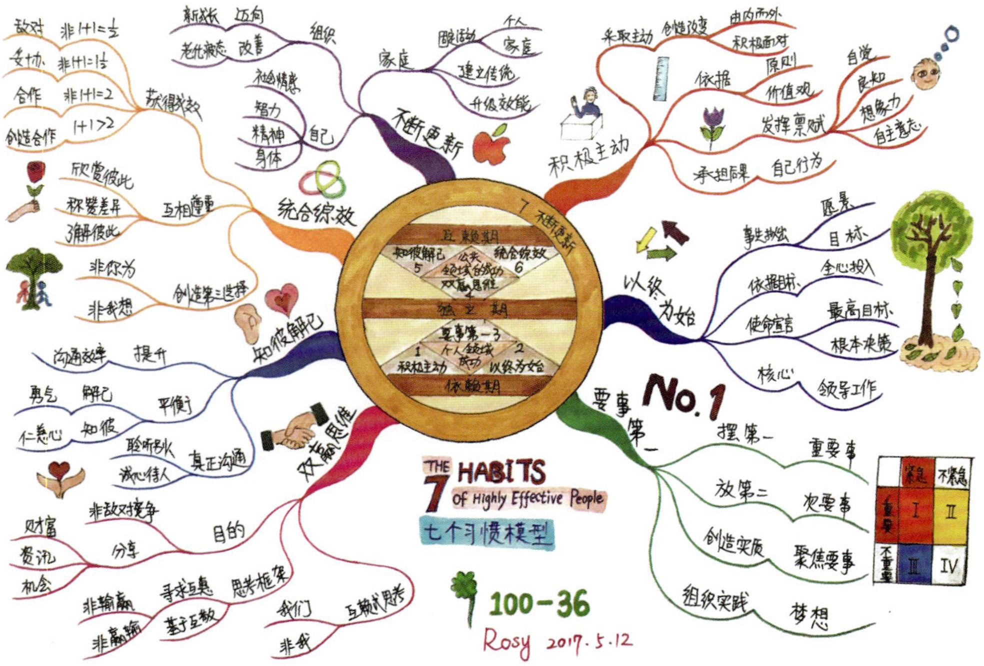

图 13-13 《高效能人士的七个习惯》(绘制：Rosy)

《高效能人士的七个习惯》是个人成长领域的经典书籍，从 27 岁起，每一年我都会重读这本书，每一次重温都会有新的领悟。柯维倡导的七个习惯其实是结构严谨的人生成长体系，与儒家“内明外用”的“八条目”修炼，即“格物、致知、正心、诚意、修身、齐家、治国、平天下”，有异曲同工之妙 (见图 13-13)。

图 13-14 《鞋狗》（绘制：吴珊珊）

《鞋狗》一书是耐克公司创始人菲尔·奈特的亲笔自传。书中作者将创立耐克公司的初心并让其成长为全球知名品牌的艰难过程向读者娓娓道来，内容丰富，可读性强（见图 13-14）。

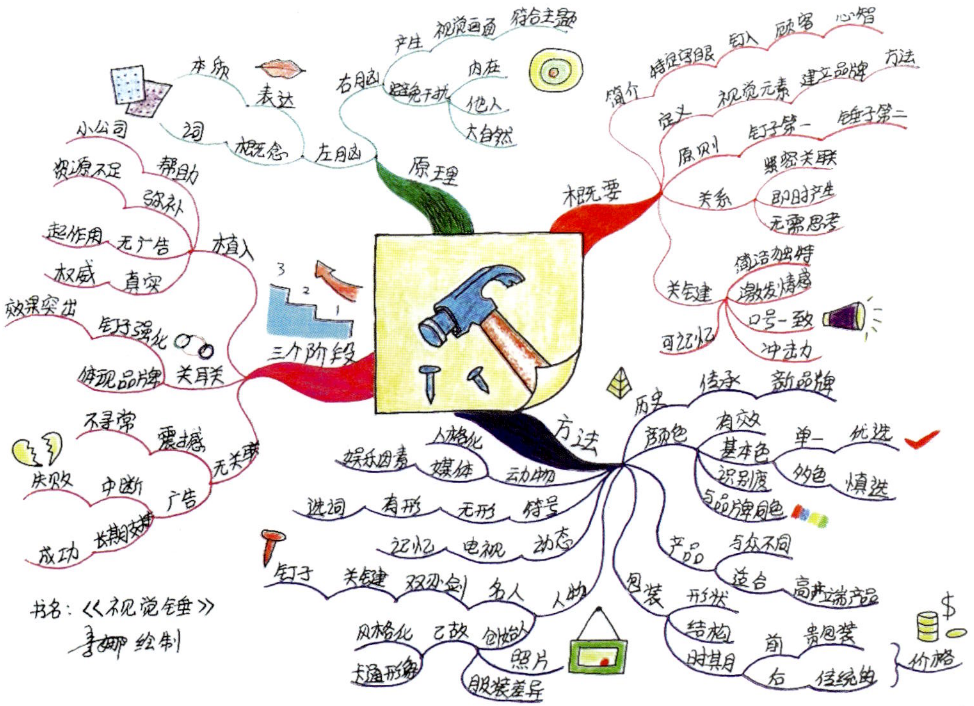

图 13-15 《视觉锤》（绘制：李娜）

《视觉锤》一书是西方营销管理大师劳拉・里斯的经典作品，其核心思想是商业的本质是抢占用户心智的高地，卖点是钉子，视觉是锤子，跨国企业秘而不宣的经营诀窍就是不断运用视觉锤的力量把自己的品牌卖点植入到用户的心中（见图 13-15）。

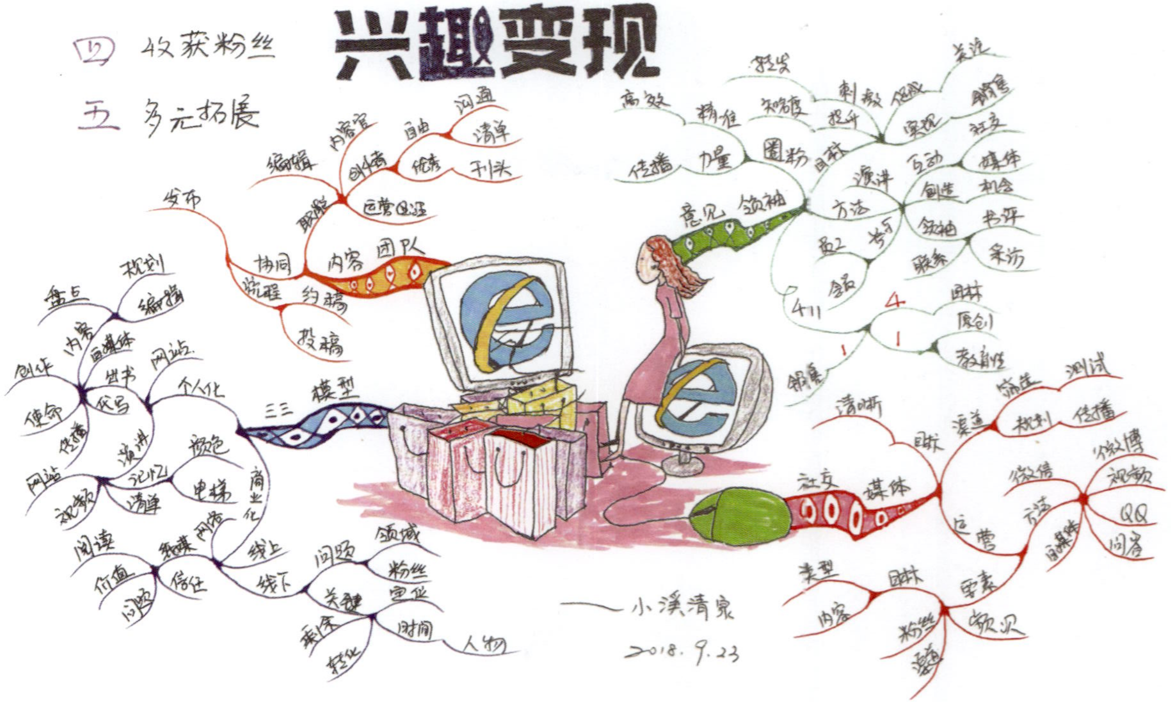

图 13-16　《兴趣变现》（绘制：小溪清泉）

《兴趣变现》是一本值得阅读的个人创业类的好书。在国家提倡“双创”的大背景下，个人创业有了很好的时代机遇。然而，创业不但辛苦，风险也高，所以，通过兴趣变现的方式进行创业，不失为一条风险较小、可做备选的创业路径（见图 13-16）。

美丽家乡

“家乡美”思维导图创作大赛，是由李思学老师倡导并发起的思维导图创作活动。活动旨在通过运用思维导图，介绍各地的历史、文化、风光。这个活动一经推出，即受到全国思维导图爱好者的热烈响应，投稿络绎不绝，精品层出不穷。创作者将对家乡的热爱、思念和赞美，以思维导图的方式进行精彩呈现。这些以“家乡美”为主题的思维导图，不但精彩地呈现了各个地方的风光和人文，展现了思维导图的表现力，同时是假期家长带着孩子各地游学的实用参考攻略。其实，把 14 亿中国人的美丽家乡汇聚到一起，就是我们的美丽中国。

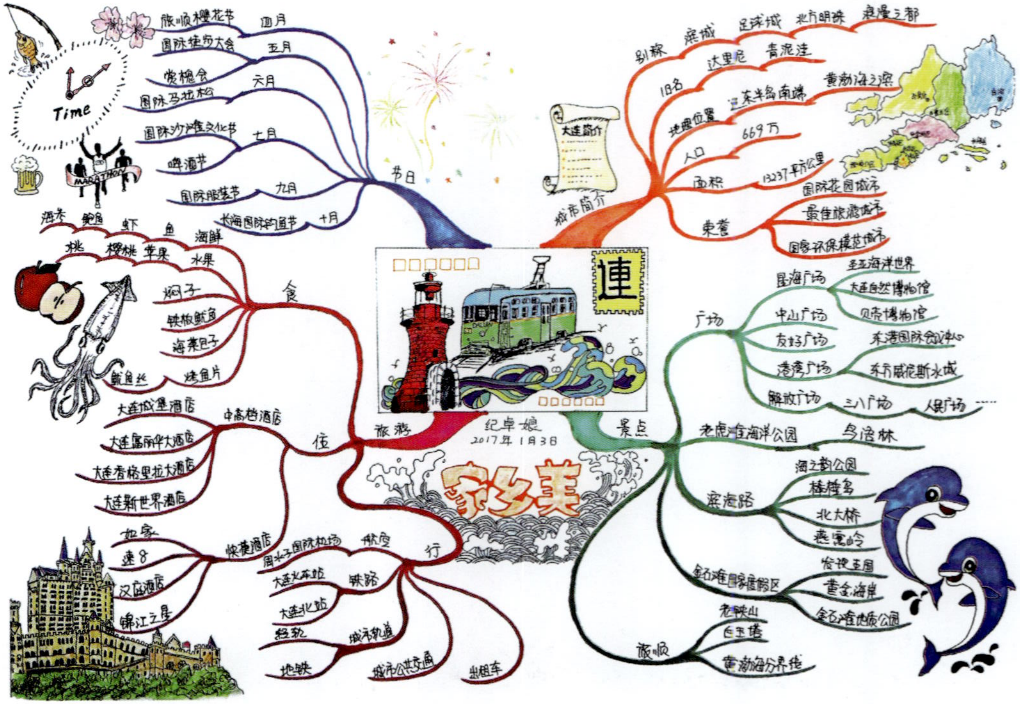

图 13-17　大连（创作、绘制：纪卓娘）

美丽的海滨城市大连，在绘制者的手中绽放出浓郁的海的味道，好吃的、好玩的、好看的在这幅图（见图 13-17）上一览无余。下次带孩子去大连，旅行攻略就靠它了！

图 13-18　江西九江（创作、绘制：吴珊珊）

江西九江有着厚重的文化积淀，有庐山、白鹿洞书院等著名景点（见图 13-18），白居易曾在此创作了千古名篇《琵琶行》。也许在一个草木摇落的深秋夜，我会带着美酒，独自一人来到浔阳江头，现场聆听曾让“江州司马青衫湿”的琵琶演奏。

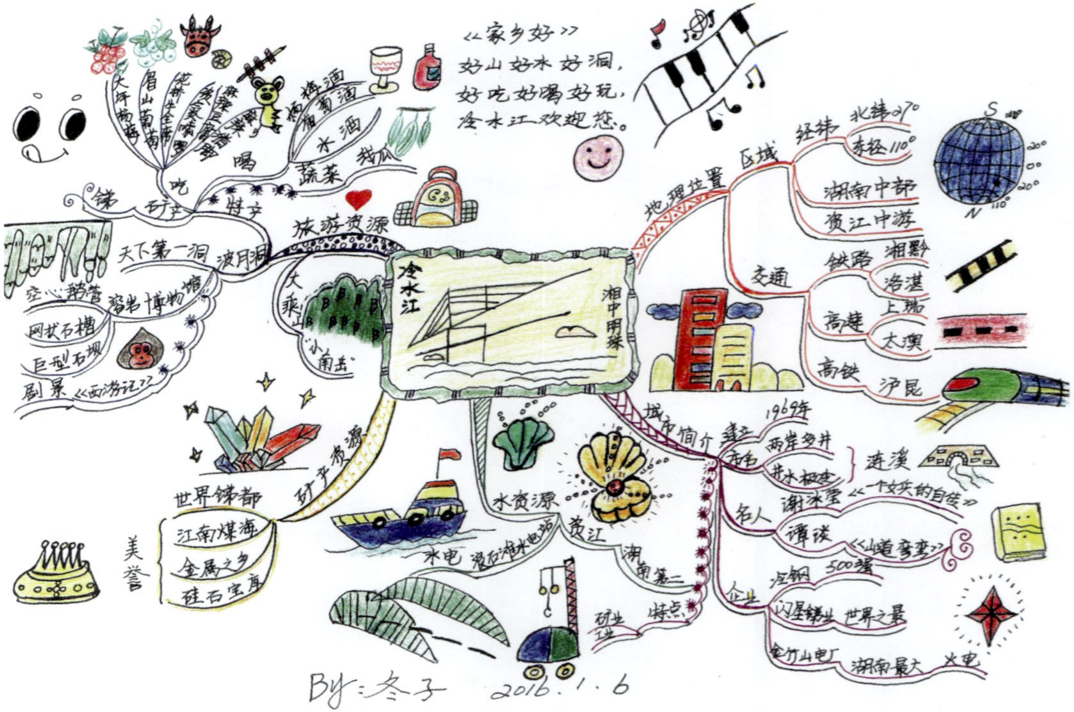

图 13-19 冷水江（创作、绘制：李冬）

“人杰地灵”这句话，以湖南为佐证是再形象不过了。春秋时期就有“惟楚有才”的说法，群星璀璨更是近代人才辈出的湖南的写照。位于湖南中部的冷水江，是个好山好水好吃好喝的好地方。李冬描绘的冷水江思维导图，可谓妙笔生花（见图 13-19）。

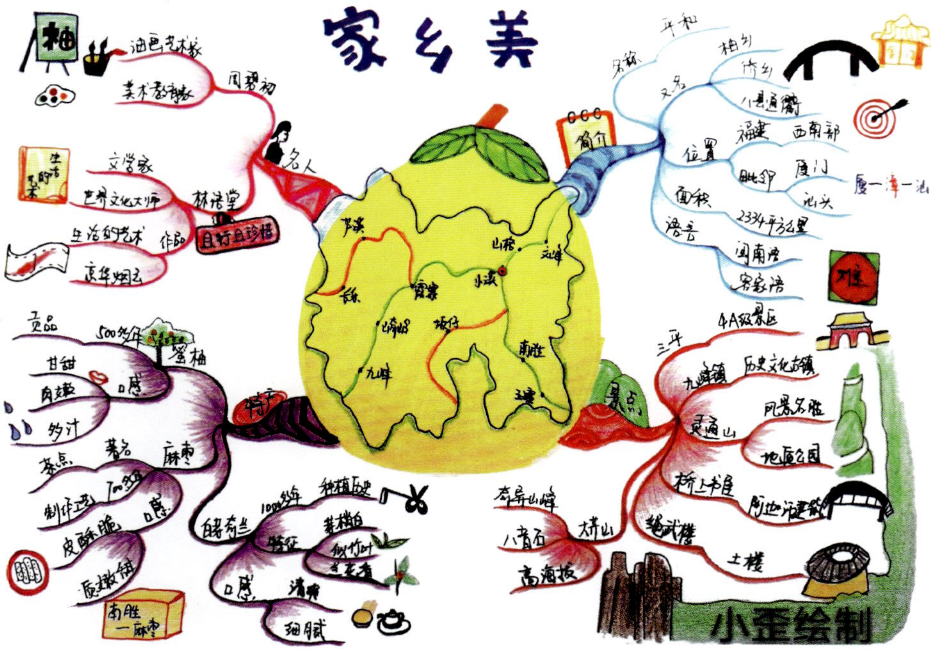

图 13-20　福建（创作、绘制：小歪）

最近两年，有幸品尝小歪邮寄的福建平和红心蜜柚，蜜柚色泽晶莹，口感酸甜，味道浓郁，家人和孩子都喜欢吃。仔细阅读图 13-20，才发现近代最欣赏的文人林语堂居然与小歪同乡。于是，在品尝蜜柚的同时，不知不觉联想到穿着长衫、戴着眼镜的林语堂，用带着浓厚福建口音的普通话，慢条斯理地讲述着“苏东坡”和“京华烟云”的故事，心驰神往，思绪早飞到了千里之外。

上述的美丽家乡的作品都很棒，那最美的是哪一幅呢？最美的家乡藏在你的心里，最美的作品隐在你的指尖，快用多彩的笔，把你的美丽家乡描绘出来吧。也许本书的下一个版本，就会选上你的作品，让你的思维导图作品，为你的美丽家乡代言！